Analysis

– Sekundarstufe II –

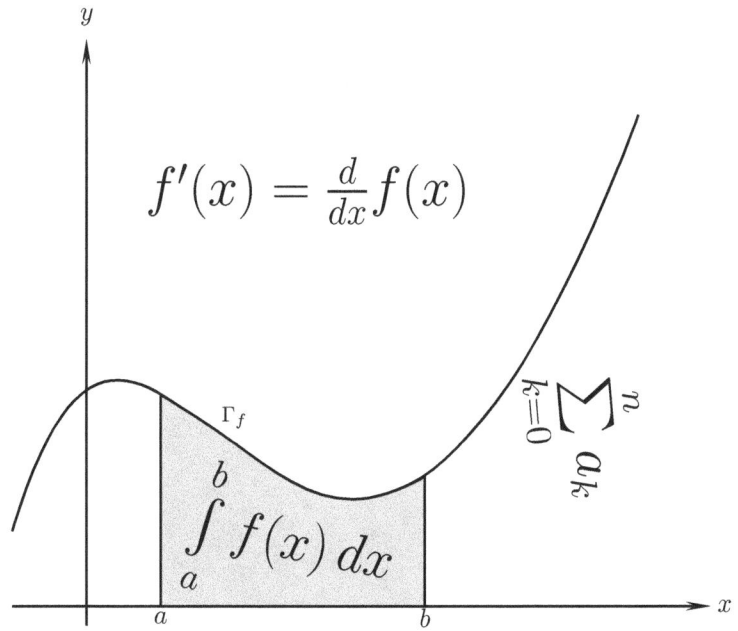

Bernhard Möller

09. Juli 2014

ii

ISBN-10:   1500464260
ISBN-13:   978-1500464264

Vorwort

Dieses Dokument richtet sich an Schüler der Jahrgangsstufen 11 und 12, die Interesse an der Mathematik haben und tiefer in die Analysis vordringen wollen. Dieses Script eignet sich zudem gut als Vorbereitung auf ein Studium der Mathematik, Physik oder einer Ingenieurswissenschaft. Daher ist das Niveau dieses Manuskripts zwischen dem der gymnasialen Oberstufe und dem universitären angesiedelt.

Zunächst wird in Kapitel 0 eine gemeinsame Basis geschaffen, in dem aus einer etwas allgemeineren Sicht die Körperaxiome, die Potenz- und Logarithmusregeln gezeigt und auf das Beweisprinzip der vollständigen Induktion eingegangen wird.

Mit einer Einführung in die Mengenlehre, die Grundlage der modernen Mathematik ist, soll über die anfänglichen Schwierigkeiten in der Notation und Formulierung mathematischer Sachverhalte hinweggeholfen werden.

Das erste Kapitel beschäftigt sich mit dem Körper der komplexen Zahlen. Hier werden ihre grundlegenden Eigenschaften entwickelt und bewiesen.

Beginnend mit der Betrachtung von Folgen und der Einführung des Konvergenzbegriffs wird die Basis für die Formulierung des Differentialquotienten als Grenzwert konvergierender Folgen von Sekantensteigungen gelegt. Schrittweise werden grundlegende Eigenschaften des Differenzialoperators gezeigt und fundamentale Rechenregeln der Differenziation entwickelt. Als klassische Anwendung der Differentialrechnung wenden wir uns dann der Kurvendiskussion zu und leiten die Kriteria für charakteristische Punkte von Funktionen her, wie Extremalpunkte, Wendepunkte und Sattelpunkte. Als Anwendung der Differentialrechnung wenden wir uns dann der Kurvendiskussion und den Extremwertproblemen zu. Schließlich wird mit dem Newtonverfahren eine typische Anwendung der Differenzialrechnung aus der Numerik zur approximativen Lösung nicht-linearer Gleichungen gegeben. Zuletzt wird die Regel von de l'Hospital zur Bestimmung von Grenzwerten in problematischen Bereichen behandelt.

Unendliche Reihen bilden die Basis für die Einführung des Riemann-Integrals als Grenzwert Riemannscher Summen. Wir nähern uns dabei dem Integral aus der geometrischen Deutung her an, in dem das Integral als Flächenmaß eines Gebiets zwischen Funktionsgraph und Abszisse dargestellt wird. Mit der Betrachtung von Rotationskörpern werden schließlich die Volumenformeln von Kegel und Kugel hergeleitet.

Zuguterletzt wird eine Exkursion in die klassische Mechanik gemacht und mithilfe der Sätze der Differential- und Integralrechnung die Erhaltungssätze des linearen Impulses und der Energie formuliert und das Weg-Zeitgesetz hergeleitet.

Inhaltsverzeichnis

Kapitel 0

Vorbemerkungen

0.1 Grundlegende Definitionen

0.1.1 Begriffsdefinitionen

Gerade in der Mathematik auf universitärem Niveau ist die Lektüre charakterisiert durch eine strenge logisch-axiomatische Struktur, in der die Gewichtung der mathematischen Aussagen begrifflich gekennzeichnet ist. Erfahrungsgemäß haben Studenten im Anfangssemester Schwierigkeiten mit den neuen Begriffen. Dem soll hier abgeholfen werden.
Man unterscheidet zwischen

- **Satz:** Ein Satz bezeichnet eine grundlegende, zu beweisende mathematische Aussage.

- **Lemma:** (von griech. $\lambda\tilde{\eta}\mu\mu\alpha$, n. „Aufgenommenes", „Aufgegriffenes"; Plural: Lemmata)
  Ein Lemma bezeichnet einen Satz als Zwischenschritt innerhalb eines Beweises.

- **Korollar:** (von lat. corollarium, n. „Zugabe", „Das Geschenk"; Plural: Korollare)
  Ein Korollar bezeichnet eine Aussage, die sich direkt aus einem schon bewiesenen Satz oder aus einer Definition ohne großen Beweisaufwand ergibt. Oft handelt es sich um eine einfache Schlussfolgerung.

Oft ist die Abgrenzung sowohl zwischen Satz und Lemma, als auch zwischen Satz und Korollar subjektiv.

0.1.2 Zahlenmengen

Natürliche Zahlen:

Die Elemente der Menge aller *natürlichen Zahlen*, im Zeichen $\mathbb{N}$, sind alle positive, ganze Zahlen, also

$$\mathbb{N} := \{0, 1, 2, 3, \dots\}.$$

Ganze Zahlen:

Die Elemente der Menge aller *ganzen Zahlen*, im Zeichen $\mathbb{Z}$, sind alle ganzen Zahlen, also

$$\mathbb{Z} := \{0, \pm 1, \pm 2, \pm 3, \dots\}.$$

Offensichtlich ist $\mathbb{Z} \supset \mathbb{N}$, denn seien $n, m \in \mathbb{N}$ und sei $m > n$. Dann ist $n - m \notin \mathbb{N}$, aber $n - m \in \mathbb{Z}$.

Rationale Zahlen:

Die Elemente der Menge aller *rationalen Zahlen*, im Zeichen $\mathbb{Q}$, sind alle Zahlen, die sich durch einen endlichen Quotienten darstellen lassen, also

$$\mathbb{Q} := \left\{ x \mid x = \frac{p}{q} \mid p \in \mathbb{Z}, \ q \in \mathbb{N} \backslash \{0\} \right\}.$$

Offensichtlich ist $\mathbb{Q} \supset \mathbb{Z}$, denn sei $p \in \mathbb{Z}$, $q \in \mathbb{N} \backslash \{0\}$ und sei $q \nmid p$. Dann ist $\frac{p}{q} \notin \mathbb{Z}$, aber $\frac{p}{q} \in \mathbb{Q}$.

Reelle Zahlen:

Die Menge aller *reellen Zahlen*, im Zeichen $\mathbb{R}$, ist die Vereinigungsmenge aus $\mathbb{Q}$ und der Menge aller irrationalen Zahlen. Irrationale Zahlen sind all jene Zahlen, die sich nicht mittels eines endlichen Quotienten darstellen lassen, also die Menge $\left\{ x \mid \nexists (p \in \mathbb{Z} \wedge q \in \mathbb{N} \backslash \{0\}); x = \frac{p}{q} \right\}$. Die Menge der reellen Zahlen kann also folgendermaßen formal definiert werden:

$$\mathbb{R} := \mathbb{Q} \cup \left\{ x \mid \nexists (p \in \mathbb{Z} \wedge q \in \mathbb{N} \backslash \{0\}); x = \frac{p}{q} \right\}.$$

Offensichtlich ist $\mathbb{R} \supset \mathbb{Q}$. Allgemein gilt also $\mathbb{N} \subset \mathbb{Z} \subset \mathbb{Q} \subset \mathbb{R}$.

0.1.3 Summen- und Produktzeichen

Folgend soll an die Bedeutung von Produkt- und Summenzeichen erinnert werden.

Seien $m \leq n$ ganze Zahlen. Für alle k mit $m \leq k \leq n$ sei a_k eine reelle Zahl. Dann setzt man

$$\sum_{k=m}^{n} a_k := a_m + a_{m+1} + \ldots + a_n$$

und

$$\prod_{k=m}^{n} a_k := a_m \cdot a_{m+1} \cdot \ldots \cdot a_n$$

Für $m = n$ besteht die Summe (das Produkt) aus einem einzigen Summanden (Faktor). Für $n = m - 1$ führt man folgende Konvention ein:

$$\sum_{k=m}^{m-1} a_k := 0 \quad \text{(leere Summe)},$$

$$\prod_{k=m}^{m-1} a_k := 1 \quad \text{(leeres Produkt)}$$

($X := A$ bedeute, dass X per Definition gleich A ist.)
Für $l < m \leq n$ gilt

a)

$$\sum_{k=l}^{m} a_k + \sum_{k=m+1}^{n} a_k = \sum_{k=l}^{n} a_k,$$

b)

$$\left(\prod_{k=l}^{m} a_k\right)\left(\prod_{k=m+1}^{n} a_k\right) = \prod_{k=l}^{n} a_k.$$

0.1.4 Fakultät und Binomialkoeffizient

Definition 0.1.1 (Fakultät). *Für eine Zahl $n \in \mathbb{N}$ setzen wir*

$$n! := \prod_{k=1}^{n} k \quad \text{gelesen: } n \text{ Fakultät}$$

Direkt aus der Definition folgt $0! = 1$.

Definition 0.1.2 (Binomialkoreffizient). *Für natürliche Zahlen n und k setzt man*

$$\binom{n}{k} := \prod_{j=1}^{k} \frac{n-j+1}{j} = \frac{n!}{k!(n-k)!} \,, \quad \text{gelesen: } n \text{ über } k$$

Aus der Definition folgt unmittelbar:

1. $\binom{n}{k} = 0$ für $k > n$

2. $\binom{n}{k} = \binom{n}{n-k}$ für $0 \leq k \leq n$

3. $\binom{n-1}{k-1} + \binom{n-1}{k} = \binom{n}{k}$ für $0 \leq k \leq n$ (*)

Insbesondere liefert Gleichung (*) das Bildungsgesetz für das Pascalsche Dreieck, in dem die Binomialkoreffizienten in folgender Form angeordnet sind:

```
                    1
                 1     1
              1     2     1
           1     3     3     1
        1     4     6     4     1
     1     5    10    10     5     1
       .                        .
     .                            .
```

n ist hier die fortlaufende Zeilennummer und k die Position des Binomialkoeffizienten in der jeweiligen Zeile.

0.1.5 Der Absolutbetrag

Definition 0.1.3. *Für $x \in \mathbb{R}$ setzt man*

$$|x| := \begin{cases} x & \text{für } x \geq 0 \\ -x & \text{für } x < 0 \end{cases}$$

Aus der Definition ergeben sich folgende Eigenschaften des Absolutbetrags:

1. Es gilt stets $|x| \geq 0$ und $|x| = 0$ genau dann, wenn $x = 0$.

2. $|-x| = |x|$ für alle $x \in \mathbb{R}$.

3. $|xy| = |x||y|$ für alle $x,\, y \in \mathbb{R}$.

4. $\left|\frac{x}{y}\right| = \frac{|x|}{|y|}$ für alle $x,\, y \in \mathbb{R}$ und $y \neq 0$.

Mit dem Absolutbetrag kommen wir zu einem wichtigen Satz in der Mathematik.

Satz 0.1.1 (Dreiecksungleichung). *Für alle $x,\, y \in \mathbb{R}$ gilt $|x+y| \leq |x| + |y|$.*

   Beweis: Da $x \leq |x|$ und $y \leq |y|$, ist $x + y \leq |x| + |y|$.
Wegen $-x \leq |x|$ und $-y \leq |y|$ ist $-x - y = -(x+y) \leq |x|+|y|$, also insgesamt $|x+y| \leq |x|+|y|$.

0.2   Mengenlehre

In den folgenden Kapiteln werden einige Elemente der Mengenlehre benutzt. Daher sollen hier einige Grundkonzepte der Zermelo-Fraenkel-Mengenlehre, eine typenfreie, axiomatische Mengenlehre, vorstellt werden, die gemeinhin als Grundlage der modernen Mathematik gilt. Zunächst aber einige Definitionen:

0.2.1   Definitionen

- **Gleichheit:**
  Zwei Mengen heißen *gleich*, wenn sie aus den selben Elementen bestehen. Formal lautet diese Definition:
  Seien A und B zwei Mengen.

$$A = B :\Longleftrightarrow \forall x (x \in A \leftrightarrow x \in B)$$

- **Leere Menge:**
  Eine Menge, die keine Elemente besitzt, wird *leere Menge* genannt. Sie wird mit dem Symbol $\emptyset$ oder $\{\}$ dargestellt.

- **Teilmenge / Obermenge:**
  Eine Menge A ist genau dann Teilmenge einer Menge B, wenn jedes Element von A auch Element von B ist. B wird dann *Obermenge* von A genannt. Formal ausgedrückt:

$$A \subseteq B :\Longleftrightarrow \forall x (x \in A \rightarrow x \in B)$$

  A heißt *echte Teilmenge* von B, wenn A Teilmenge von B ist, aber B von A verschieden ist. Man schreibt dann $A \subset B$.

- **Schnittmenge:**
  Gegeben sei eine Menge U, die aus Untermengen U_i mit $i = 1, \ldots, n$ besteht. Der

Durchschnitt über alle Untermengen wird dann durch all jene Elemente gebildet, die in allen U_i enthalten sind. Man drückt dies formal folgendermaßen aus:

$$\bigcap U = \bigcap_{i=1}^{n} U_i := \{x \mid \forall U_i \subseteq U : x \in U_i\}$$

Sei U nun eine Paarmenge, also $U = \{A, B\}$, dann ist $\cap U = A \cap B$ mit

$$A \cap B := \{x \mid (x \in A) \wedge (x \in B)\}$$

- **Vereinigungsmenge:**
  Die *Vereinigungsmenge* aller U_i ist die Menge der Elemente, die in mindestens einer der Untermengen U_i von U enthalten sind. Formal:

$$U = \bigcup_{i=1}^{n} U_i := \{x \mid \exists U_i \subseteq U : x \in U_i\}$$

Sei U nun eine Paarmenge, also $U = \{A, B\}$, dann ist $U = A \cup B$ mit

$$A \cup B := \{x \mid (x \in A) \vee (x \in B)\}$$

Man liest dies, A **vereinigt mit** B **ist die Menge aller Elemente, die in** A **oder in** B **enthalten sind.**

- **Differenzmenge und Komplement:**
  Die Differenzmenge (auch Restmenge) von A und B ist die Menge aller Elemente, die in A, aber nicht in B enthalten sind. Formal ausgedrückt:

$$A \backslash B := \{x \mid (x \in A) \wedge (x \notin B)\}$$

Ist $B \subseteq A$, dann spricht man von dem *Komplement von B in A*. Im Zeichen:

$$\mathcal{C}B := \{x \mid x \notin B\}$$

Die Menge

$$A \triangle B := (A \backslash B) \cup (B \backslash A) = (A \cup B) \backslash (A \cap B)$$

wird als *symmetrische Differenz* von A und B bezeichnet. Ihre Elemente sind all jene, die Elemente jeweils einer aber keinesfalls Elemente beider Mengen sind.
Mit Hilfe des exklusiven Oders $\oplus$ lässt sich die symmetrische Differenz folgendermaßen ausdrücken:

$$A \triangle B := \{x \mid (x \in A) \oplus (x \in B)\}$$

- **Kartesisches Produkt:**
  Die Produktmenge aus zwei Mengen A und B ist die Menge aller geordneter Paare, deren erstes Element aus A und deren zweites Element aus B kommt. Formal beschrieben:

$$A \times B := \{(a, b) \mid a \in A \wedge b \in B\}$$

Diese Definition lässt sich leicht auf endlich viele Mengen $A_i, \ldots, A_n$ erweitern.

$$A_1 \times A_2 \times \ldots \times A_n := \{(a_1, a_2, \ldots, a_n) \mid a_1 \in A_1 \wedge a_2 \in A_2 \wedge \cdots \wedge a_n \in A_n\}$$

- **Potenzmenge:**
  Die Potenzmenge $\mathcal{P}(A)$ ist die Menge aller Untermengen von A. Sie enthält stets die leere Menge und die Menge A als Element.

  Beispiele:

  - $\mathcal{P}(\emptyset) = \{\emptyset\}$
  - $\mathcal{P}(\{a\}) = \{\emptyset, \{a\}\}$
  - $\mathcal{P}(\{a,b\}) = \{\emptyset, \{a\}, \{b\}, \{a,b\}\}$

  Allgemein besitzt die Potenzmenge $\mathcal{P}(A)$ einer n-elementigen Menge A 2^n Elemente.

- **Mächtigkeit und Kardinalzahl:**
  Die *Mächtigkeit* (Kardinalität) einer Menge A wird mit $|A|$ bezeichnet. Bei endlichen Mengen bedeutet $|A|$ die Anzahl der Elemente von A, also eine natürliche Zahl.

  Der Menge $\mathbb{N}$ der natürlichen Zahlen lässt sich eine solche Zahl nicht zuordnen. Sie hat offenbar mehr Elemente als jede endliche Zahlenmenge; ihre Kardinalität wird gewöhnlich mit $\aleph_0$ bezeichnet.

  Betrachtet man die Menge $\mathbb{N}$ und ihre Potenzmenge als aktual unendliche Mengen, so ergeben sich verschiedene Grade der Unendlichkeit, die als *Kardinalzahlen* bezeichnet werden. Die Gesamtheit der Kardinalzahlen erweist sich dann als zu groß, um noch als Menge begriffen zu werden.

  Gleichwohl ist der Begriff Kardinalzahl eine Verallgemeinerung der Elementanzahl einer (endlichen) Menge. Die Mächtigkeit der Potenzmenge von A wird, auch bei unendlichen Mengen, mit $2^{|A|}$ bezeichnet. So ergibt sich für die Kardinalität von $\mathcal{P}(\mathbb{N})$

$$|\mathcal{P}(\mathbb{N})| = 2^{|\mathbb{N}|} = 2^{\aleph_0}$$

Beispiele:

Wir betrachten die Mengen $\mathbb{X} = \{1,2,3\}$, $A = \{1,2\}$ und $B = \{1,3\}$. Dann gilt:

- $2 \in A, 2 \notin B$

- $A \subseteq \mathbb{X}$, $B \subseteq \mathbb{X}$, $\mathbb{X} \subseteq \mathbb{X}$

- $A \subset \mathbb{X}$, $B \subset \mathbb{X}$

- $A \cap B = \{1\}$

- $A \cup B = \mathbb{X}$

- $\mathcal{C}A = \{3\}$, $\mathcal{C}B = \{2\}$, $\mathcal{C}\mathbb{X} = \emptyset$, $\mathcal{C}\emptyset = \mathbb{X}$

- $A \backslash B = \{2\}$, $B \backslash A = \{3\}$, $\mathbb{X} \backslash A = \{3\}$, $A \backslash \mathbb{X} = \emptyset$

- $A \triangle B = \{2,3\}$, $A \triangle \mathbb{X} = \{3\}$, $B \triangle \mathbb{X} = \{2\}$

- $|\mathbb{X}| = 3$, $|A| = 2$, $|\emptyset| = 0$, $|\{\emptyset\}| = 1$

- $\mathcal{P}(A) = \{\emptyset, \{1\}, \{2\}, \{1,2\}\}$

- $\mathcal{P}(\mathbb{X}) = \{\emptyset, A \cap B, \mathcal{C}B, B \backslash A, A, B, A \triangle B, A \cup B\}$

- $A \times B = \{(1,1), (1,3), (2,1), (2,3)\}$, $A \times \{3\} = \{(1,3), (2,3)\}$, $A^2 = \{(1,1), (1,2), (2,1), (2,2)\}$

- $\mathcal{P}(\emptyset) = \{\emptyset\}$, $\mathcal{P}(\{\emptyset\}) = \{\emptyset, \{\emptyset\}\}$

- $\emptyset \notin \emptyset$, $\emptyset \in \{\emptyset\}$

- $A \times \emptyset = \emptyset \times A = \emptyset$

- $A \times \emptyset = \emptyset \times A = \emptyset$

- $\mathbb{N} \subset \mathbb{N}_0 \subset \mathbb{Z} \subset \mathbb{Q} \subset \mathbb{R} \subset \mathbb{C}$

0.2.2 Rechengesetze

Die Menge $\mathcal{P}(\mathbb{X})$ ist bezüglich der Relation $\subseteq$ partiell geordnet, denn für alle $A, B, C \subseteq \mathbb{X}$ gilt:

- Reflexivität: $A \subseteq A$

- Antisymmetrie: $A \subseteq B \wedge B \subseteq A \implies A = B$

- Transitivität: $A \subseteq B \wedge B \subseteq C \implies A \subseteq C$

Die Mengen-Operationen Schnitt $\cap$ und Vereinigung $\cup$ sind zueinander kommutativ, assoziativ und distributiv:

- Kommutativgesetz: $A \cup B = B \cup A$, $A \cap B = B \cap A$

- Assoziativgesetz: $(A \cup B) \cup C = A \cup (B \cup C)$, $(A \cap B) \cap C = A \cap (B \cap C)$

- Distributivgesetz: $A \cup (B \cap C) = (A \cup B) \cap (A \cup C)$, $A \cap (B \cup C) = (A \cap B) \cup (A \cap C)$

- De Morgansche Gesetze: $\mathcal{C}(A \cup B) = \mathcal{C}A \cap \mathcal{C}B$, $\mathcal{C}(A \cap B) = \mathcal{C}A \cup \mathcal{C}B$

Für die Differenzmenge gelten folgende Gesetzmäßigkeiten:

- Distributivgesetz: $(A \cap B) \backslash C = (A \backslash C) \cap (B \backslash C)$, $(A \cup B) \backslash C = (A \backslash C) \cup (B \backslash C)$, $A \backslash (B \cap C) = (A \backslash B) \cup (A \backslash C)$ und $A \backslash B \cup C) = (A \backslash B) \cap (A \backslash C)$

- Assoziativgesetze: $(A \backslash B) \backslash C = A \backslash (B \cup C)$ und $A \backslash (B \backslash C) = (A \backslash B) \cup (A \cap C)$

Für die symmetrische Differenz gelten folgende Gesetzmäßigkeiten:

- Kommutativgesetz: $A \triangle B = B \triangle A$

- Assoziativgesetz: $(A \triangle B) \triangle C = A \triangle B \triangle C)$

- Distributivgesetz: $(A \triangle B) \cap C = (A \cap C) \triangle (B \cap C)$

- $A \triangle \emptyset = A$, $A \triangle A = \emptyset$

0.3 Körperaxiome

Definition 0.3.1 (Körper). *Ein Körper* $\mathbb{K}$ *ist ein Tripel* $(K, +, \cdot)$ *bestehend aus einer Menge* K *und zwei Verknüpfungen* $+$ *und* $\cdot$ *versehen mit folgenden Axiomen (Eigenschaften):*

1. *Assoziativgesetz*

2. *Kommutativgesetz*

3. *Distributivgesetz*

4. *Existenz des neutralen Elements (des Einselements* $\mathbf{1}$*)*

5. *Existenz des Inversen.*

Hieraus ergeben sich sämtliche Rechenregeln, die wir in der Schule bereits kennengelernt haben.

Darstellung der Axiome bzgl. Addition und Multiplikation:

Axiom	$+$	$\cdot$
Kommutativgesetz	$a + b = b + a$	$a \cdot b = b \cdot a$
Assoziativgesetz	$(a + b) + c = a + (b + c)$	$a(b\,c) = (a\,b)c$
Distributivgesetz	—	$a(b + c) = ab + ac$
Ex. der $\mathbf{1}$	$0 \in K$, denn $a + 0 = a$	$1 \in K$, denn $a \cdot 1 = a$
Ex. des Inversen	$-a \in K$, denn $a + (-a) = 0$	$\frac{1}{a} \in K$, denn $a \cdot \frac{1}{a} = 1$

Allgemeines Kommutativgesetz:

Sei $(i_1, i_2, \ldots i_n)$ eine Permutation (d.h. Umordnung) von $(1, 2, \ldots n)$. Dann gilt

$$x_1 + x_2 + \ldots + x_n = x_{i_1} + x_{i_2} + \ldots + x_{i_n},$$

$$x_1 x_2 \ldots x_n = x_{i_1} x_{i_2} \ldots x_{i_n}$$

Dies folgt aus wiederholter Anwendung des Kommutativgesetzes. Insbesondere folgt daraus folgende Regel für Doppelsummen:

$$\sum_{i=0}^{n} \sum_{j=0}^{m} a_{ij} = \sum_{j=0}^{m} \sum_{i=0}^{n} a_{ij}.$$

Allgemeines Assoziativgesetz:

Die Addition von mehr als zwei Zahlen wird durch Klammerung auf die Addition von jeweils zwei Zahlen zurückgeführt.

$$x_1 + x_2 + \ldots + x_n = (\ldots((x_1 + x_2) + x_3) + \ldots) + x_n$$

Man beweist durch wiederholte Anwendung des Assoziativgesetzes, dass jede andere Klammerung zum selben Ergebnis führt. Entsprechendes gilt auch für das Produkt $x_1 x_2 \ldots x_n$.

Allgemeines Distributivgesetz:

Durch wiederholte Anwendung des Distributivgesetzes zeigt man, dass

$$\left(\sum_{i=0}^{n} x_i\right)\left(\sum_{j=0}^{m} y_j\right) = \sum_{i=0}^{n}\sum_{j=0}^{m} x_i\,y_j.$$

0.3.1 Potenzen

Sei $x \in \mathbb{R}$ und $n \in \mathbb{N} \cup \{0\}$. Man definiert

$x^0 := 1$

$x^n := \underbrace{x \cdot x \cdot \ldots \cdot x}_{n\text{-mal}}$

$x^{-n} := \left(x^{-1}\right)^n = \left(\frac{1}{x}\right)^n = \frac{1}{x^n}$ (Verallgemeinerung des Exponenten auf $\mathbb{Z}$).

Für Potenzen gelten folgende Rechenregeln:

1. $x^n\,x^m = x^{n+m}$

2. $(x^n)^m = x^{nm}$

3. $x^n\,y^n = (x\,y)^n$

Dabei sind $m, n \in \mathbb{Z}$ und $x, y \in \mathbb{R}\backslash\{0\}$.

Verallgemeinerung auf rationale Exponenten:

Im Folgenden sei $x \in \mathbb{R}\backslash\{0\}$ und $r \in \mathbb{Q}$. Dann gilt ferner

4. Sei $r = \frac{1}{q}$, dann gilt $x^r = x^{\frac{1}{q}} = \sqrt[q]{x}$. Mit Rechenregel 2 lässt sich so eine Verallgemeinerung auf Exponenten $r = \frac{p}{q}$ vollziehen und es git $x^r = x^{\frac{p}{q}} = \sqrt[q]{x^p}$.

0.3.2 Logarithmen

Neben dem Radizieren, bei dem die Basis einer Potenz bei bekanntem Exponenten gesucht wird, ist der Logarithmus die zweite Umkehrung des Potenzierens. Hier ist der Exponent der Potenz bei bekannter Basis gesucht.

Sei $y = a^x$ mit $y, a \in \mathbb{R}$ gegeben, dann gilt $x = \log_a y$.

Für Logarithmen gelten folgende Rechenregeln:

1. Seien $x, y \in \mathbb{R}\backslash\{0\}$ und $a \in \mathbb{R}$, dann gilt:

$$\log_a(x \cdot y) = \log_a x + \log_a y$$

Dies sieht man so:

Sei $x = a^b$ und $y = a^c$, dann gilt

$$\log_a(x \cdot y) = \log_a(a^b \cdot a^c) = \log_a a^{b+c} = b + c = \log_a x + \log_a y$$

Diese Regel kann man wie folgt verallgemeinern:

Seien $x_i \in \mathbb{R}\backslash\{0\}$ für alle $i \in \mathbb{N}$, dann gilt:

$$\log_a\left(\prod_i x_i\right) = \sum_i \log_a x_i$$

2. Sei $x \in \mathbb{R}\backslash\{0\}$ mit $x = a^b$ und $r \in \mathbb{Q}$, dann gilt

$$\log_a(x^r) = r \log_a x$$

Denn

$$\log_a\left((a^b)^r\right) = \log_a a^{br} = br = r \cdot \log_a x.$$

3. **Basiswechsel:**

Sei $y \in \mathbb{R}\backslash\{0\}$ und $a, b \in \mathbb{R}$ zwei unterschiedliche Basen. Dann gilt

$$\log_b y = \frac{\log_a y}{\log_a b}$$

Dies sieht man so:

Es gilt $y = a^{\log_a y}$ und $y = b^{\log_b y}$. Daraus folgt

$$\log_a y = \log_a\left(b^{\log_b y}\right) = \log_b y \cdot \log_a b \ \Leftrightarrow \ \log_b y = \frac{\log_a y}{\log_a b}$$

0.3.3   Additionstheoreme trigonometrischer Funktionen

Oft ist es sinnvoll, Phasenverschiebungen trigonometrischer Funktionen näher zu untersuchen. Unter Verwendung der Additionstheoreme lässt sich beispielsweise sehr leicht zeigen, dass der Graf des Cosinus identisch zu dem des um 90° phasenverschobenen Sinus ist. Ohne Angabe von Beweisen sollen hier die Additionstheoreme nur aufgeführt werden.

$$\sin(x \pm y) = \sin x \cos y \pm \cos x \sin y \tag{1}$$

$$\cos(x \pm y) = \cos x \cos y \mp \sin x \sin y \tag{2}$$

$$\tan(x \pm y) = \frac{\tan x \pm \tan y}{1 \mp \tan x \tan y} \tag{3}$$

$$\cot(x \pm y) = \frac{\cot x \cot y \mp 1}{\cot y \pm \cot x} \tag{4}$$

Beispiele:

1. Wir betrachten uns die Funktion $f(\varphi) = \sin\left(\varphi + \frac{\pi}{2}\right)$:

$$\begin{aligned}
f(\varphi) &= \sin\left(\varphi + \frac{\pi}{2}\right) \\
&= \sin\varphi \underbrace{\cos\left(\frac{\pi}{2}\right)}_{=0} + \cos\varphi \underbrace{\sin\left(\frac{\pi}{2}\right)}_{=1} \\
&= \cos\varphi
\end{aligned}$$

2. Und zum Vergleich $f(\varphi) = \cos\left(\varphi + \frac{\pi}{2}\right)$:

$$
\begin{aligned}
f(\varphi) &= \cos\left(\varphi + \frac{\pi}{2}\right) \\
&= \cos\varphi \underbrace{\cos\left(\frac{\pi}{2}\right)}_{=0} - \sin\varphi \underbrace{\sin\left(\frac{\pi}{2}\right)}_{=1} \\
&= -\sin\varphi
\end{aligned}
$$

3. $f(\varphi) = \tan\left(\varphi - \frac{\pi}{2}\right)$:

$$
\begin{aligned}
f(\varphi) &= \tan\left(\varphi - \frac{\pi}{2}\right) = \frac{\tan\varphi - \tan\left(\frac{\pi}{2}\right)}{1 + \tan\varphi \underbrace{\tan\left(\frac{\pi}{2}\right)}_{=\infty}} \\
&= \frac{\frac{\tan\varphi}{\tan\left(\frac{\pi}{2}\right)} - 1}{\frac{1}{\tan\left(\frac{\pi}{2}\right)} + \tan\varphi} = -\frac{1}{\tan\varphi} = -\cot\varphi
\end{aligned}
$$

0.4 Vollständige Induktion

Die Beweisführung durch vollständige Induktion ist in der Mathematik ein wichtiges Hilfsmittel. Es sei n_0 eine ganze Zahl und $A(n)$ für jede ganze Zahl $n \geq n_0$ eine Aussage. Es soll bewiesen werden, dass $A(n)$ richtig ist für alle $n \geq n_0$. Natürlich kann die Gültigkeit dieser (unendlich vielen) Aussagen $A(n)$ nicht für jedes n einzeln nachgewiesen werden. Hier hilft die vollständige Induktion.

Beweisprinzip der vollständigen Induktion

Um die Aussage $A(n)$ für alle $n \geq n_0$ zu beweisen, genügt es zu zeigen:

(I) $A(n_0)$ ist richtig (Induktionsanfang)

(II) Für beliebiges $n \geq n_0$ gilt: Falls $A(n)$ richtig ist, dann ist auch $A(n+1)$ richtig (Induktionsschritt).

Die Funktionsweise dieses Beweisprinzips ist leicht einzusehen: Nach (I) ist zunächst $A(n_0)$ richtig. Wendet man (II) für den fall $n = n_0$ an, erhält man die Gültigkeit von $A(n+1)$. Wiederholte Anwendung von (II) ergibt dann die Richtigkeit von $A(n+2)$, $A(n+3)$ usw.

Beispiele

1.

Satz 0.4.1. *Für alle natürlichen Zahlen gilt*

$$
\sum_{i=1}^{n} i = \frac{n(n+1)}{2}.
$$

Beweis durch vollständige Induktion nach n:

i) Induktionsanfang ($n = 0$):

$$\sum_{i=1}^{0} i = 0 = \frac{0(0+1)}{2}$$

ii) Induktionsschritt ($n \to n+1$):

Sei $\sum_{i=1}^{n} i = \frac{n(n+1)}{2}$ bereits bewiesen (Induktionsvoraussetzung). Es ist zu zeigen, dass

$$\sum_{i=1}^{n+1} i = \frac{(n+1)(n+2)}{2}.$$

Dies sieht man so:

$$\sum_{i=1}^{n+1} i = \sum_{i=1}^{n} i + (n+1) \overset{!}{=} \frac{n(n+1)}{2} + (n+1) = \frac{(n+1)(n+2)}{2} \quad \square$$

An der mit ! gekennzeichneten Stelle wurde die Induktionsvoraussetzung benutzt.

2.

Satz 0.4.2. *Für alle natürlichen Zahlen gilt* $\sum_{i=1}^{n} (2i-1) = n^2$.

Die Summe der ersten n ungeraden Zahlen ist also stets eine Quadratzahl.

Beweis durch Induktion nach n. Induktionsanfang ($n = 0$):

$$\sum_{i=1}^{0} (2i-1) = 0 = 0^2$$

Induktionsschritt ($n \to n+1$): Sei $\sum_{i=1}^{n} (2i-1) = n^2$ bereits bewiesen. Dann gilt

$$\sum_{i=1}^{n+1} (2i-1) = \sum_{i=1}^{n} (2i-1) + 2(n+1) - 1 = n^2 + 2n + 1 = (n+1)^2 \quad \square$$

3.

Satz 0.4.3. *Für alle natürlichen Zahlen gilt*

$$\sum_{i=1}^{n} i^2 = \frac{n(n+1)(2n+1)}{6}.$$

Beweis durch vollständige Induktion:

Induktionsanfang ($n = 0$):

$$\sum_{i=1}^{0} i^2 = 0 = 0(0+1)(2 \cdot 0 + 1) = 0 \cdot 2 = 0.$$

Induktionsschritt ($n \to n + 1$): Sei $\sum\limits_{i=1}^{n} i^2 = \frac{n(n+1)(2n+1)}{6}$ bereits bewiesen, dann gilt

$\sum\limits_{i=1}^{n+1} i^2 = \frac{(n+1)(n+2)(2n+3)}{6}$ für alle $n \in \mathbb{N}$. Dies sieht man so:

$$
\begin{aligned}
\sum_{i=1}^{n+1} i^2 &= \sum_{i=1}^{n} i^2 + (n+1)^2 \\
&= \frac{n(n+1)(2n+1)}{6} + (n+1)^2 \\
&= \frac{2n^3 + 3n^2 + n}{6} + n^2 + 2n + 1
\end{aligned}
$$

Faktorisierung mittels Linearfaktorzerlegung:

$$
\begin{aligned}
\sum_{i=1}^{n+1} i^2 &= \frac{2n^3 + 9n^2 + 13n + 6}{6} && : (2n+3) \\
&= \frac{(2n+3)(n^2 + 3n + 2)}{6} && : (n+2) \\
&= \frac{(2n+3)(n+2)(n+1)}{6} && \square
\end{aligned}
$$

4.

Satz 0.4.4 (Geometrische Reihe). *Für alle $n \in \mathbb{N}$ und $x \in \mathbb{R}\backslash\{0\}$ gilt*

$$
\sum_{i=0}^{n} x^i = \frac{1 - x^{n+1}}{1 - x}.
$$

Beweis durch vollständige Induktion:
Induktionsanfang ($n = 0$):

$$
\sum_{i=0}^{0} x^i = x^0 = \frac{1-x}{1-x} = 1.
$$

Induktionsschritt ($n \to n + 1$): Sei $\sum\limits_{i=0}^{n} x^i = \frac{1-x^{n+1}}{1-x}$ bereits bewiesen, dann gilt $\sum\limits_{i=0}^{n+1} x^i = \frac{1-x^{n+2}}{1-x}$ für alle $n \in \mathbb{N}$. Dies sieht man so:

$$
\begin{aligned}
\sum_{i=0}^{n+1} x^i &= \sum_{i=0}^{n} x^i + x^{n+1} \\
&= \frac{1 - x^{n+1}}{1 - x} + x^{n+1} \\
&= \frac{1 - x^{n+1}}{1 - x} + \frac{(1-x)x^{n+1}}{1-x} \\
&= \frac{1 - x^{n+1} + x^{n+1} - x^{n+2}}{1 - x} \\
&= \frac{1 - x^{n+2}}{1 - x} \quad \square
\end{aligned}
$$

0.5   Allgemeiner binomischer Lehrsatz

In der Algebra erlaubt der binomische Lehrsatz, beliebige Potenzen eines Binoms, also einen Ausdruck der Form $(a+b)^n$, direkt auszumultiplizieren.

Dieser Satz zählt in seiner allgemeinen Form mit einem reellen oder gar komplexen Exponenten zu den erstaunlichsten mathematischen Theoremen. Auf einer 1999 veröffentlichten Liste der 100 erstaunlichsten mathematischen Sätze ist er auf Platz 44 gelistet.

Wir beschränken uns aber auf Exponenten natürlicher Zahlen.

Satz 0.5.1 (Binomischer Satz). *Seien $a, b \in \mathbb{R}$ und $n \in \mathbb{N}$. Dann gilt*

$$(a+b)^n = \sum_{k=0}^{n} \binom{n}{k} a^{n-k} b^k.$$

Beweis durch vollständige Induktion:

Induktionsanfang:
Wir zeigen die Richtigkeit der Formel für ein festes n und wählen $n = 0$. Es gilt dann

$$1 = (a+b)^0 = \sum_{k=0}^{0} \binom{0}{k} a^{0-k} b^k = a^0 b^0 = 1.$$

Induktionsvoraussetzung:

$$(a+b)^n = \sum_{k=0}^{n} \binom{n}{k} a^{n-k} b^k$$

sei bereits bewiesen.

Um die Gültigkeit der Aussage für alle $n \in \mathbb{N}$ zu beweisen, vollziehen wir den

Induktionsschritt: $n \to n+1$:
Zu zeigen ist

$$(a+b)^{n+1} = \sum_{k=0}^{n+1} \binom{n+1}{k} a^{n+1-k} b^k.$$

Dies sieht man so:

$$
\begin{aligned}
(a+b)^{n+1} &= (a+b)(a+b)^n = (a+b) \sum_{k=0}^{n} \binom{n}{k} a^{n-k} b^k \\
&= a \sum_{k=0}^{n} \binom{n}{k} a^{n-k} b^k + b \sum_{k=0}^{n} \binom{n}{k} a^{n-k} b^k \\
&= \sum_{k=0}^{n} \binom{n}{k} a^{n+1-k} b^k + \sum_{k=0}^{n} \binom{n}{k} a^{n-k} b^{k+1} \\
&= \sum_{k=0}^{n} \left[\binom{n}{k} a^{n+1-k} b^k + \binom{n}{k} a^{n-k} b^{k+1} \right]
\end{aligned}
$$

Unter Verwendung des Assoziativgesetzes können die Paarungen der Summanden, wie folgt, gewählt werden und erhalten so

$$
\begin{aligned}
(a+b)^{n+1} &= a^{n+1} + \sum_{k=1}^{n} \left[\binom{n}{k-1} a^{n+1-k} b^k + \binom{n}{k} a^{n+1-k} b^k \right] + b^{k+1} \\
&= a^{n+1} + \sum_{k=1}^{n} \left[\binom{n}{k-1} + \binom{n}{k} \right] a^{n+1-k} b^k + b^{k+1} \\
&= \binom{n+1}{0} a^{n+1} + \sum_{k=1}^{n} \binom{n+1}{k} a^{n+1-k} b^k + \binom{n+1}{n+1} b^{k+1} \\
&= \sum_{k=0}^{n+1} \binom{n+1}{k} a^{n+1-k} b^k \quad \square
\end{aligned}
$$

Beispiele:

1. Für den Spezialfall $n = 2$ folgen sofort die ersten beiden binomischen Formeln.

   - 1. binomische Formel:

$$
\begin{aligned}
(a+b)^2 &= \sum_{k=0}^{2} \binom{2}{k} a^{2-k} b^k \\
&= \binom{2}{0} a^{2-0} b^0 + \binom{2}{1} a^{2-1} b^1 + \binom{2}{2} a^{2-2} b^2 \\
&= a^2 + 2ab + b^2
\end{aligned}
$$

   - 2. binomische Formel:

$$
\begin{aligned}
(a-b)^2 &= \sum_{k=0}^{2} (-1)^k \binom{2}{k} a^{2-k} b^k \\
&= (-1)^0 \binom{2}{0} a^{2-0} b^0 + (-1)^1 \binom{2}{1} a^{2-1} b^1 + (-1)^2 \binom{2}{2} a^{2-2} b^2 \\
&= a^2 - 2ab + b^2
\end{aligned}
$$

   - $n = 3$:

$$
\begin{aligned}
(a+b)^3 &= \sum_{k=0}^{3} \binom{3}{k} a^{3-k} b^k \\
&= a^3 + 3a^2 b + 3ab^2 + b^3
\end{aligned}
$$

2. Aus dem binomischen Lehrsatz folgt direkt, dass

$$
\sum_{k=0}^{n} \binom{n}{k} = 2^n \quad \text{und}
$$

$$
\sum_{k=0}^{n} (-1)^k \binom{n}{k} = 0
$$

Man erhält dies, wenn man $a = b = 1$ bzw. $a = 1$ und $b = -1$ wählt.

Eine Verallgemeinerung der dritten binomischen Formel erhält man durch folgende Identität:

Satz 0.5.2. *Für alle $n \in \mathbb{N}\backslash\{0\}$ und $a, b \in \mathbb{R}$ gilt*

$$a^n - b^n = (a - b) \sum_{k=1}^{n} a^{n-k} b^{k-1}$$

Der Beweis sei als Übung dem Leser überlassen.

Beispiele:

1. $n = 2$:

$$
\begin{aligned}
a^2 - b^2 &= (a - b) \sum_{k=1}^{2} a^{2-k} b^{k-1} \\
&= (a - b)(a^{2-1} b^{1-1}) \\
&= (a - b)(a + b)
\end{aligned}
$$

2. $n = 3$:

$$
\begin{aligned}
a^3 - b^3 &= (a - b) \sum_{k=1}^{3} a^{3-k} b^{k-1} \\
&= (a - b)(a^{3-1} b^{1-1} + a^{3-2} b^{2-1} + a^{3-3} b^{3-1}) \\
&= (a - b)(a^2 + ab + b^2)
\end{aligned}
$$

Kapitel 1

Geometrische Figuren im Koordinatensystem

1.1 Die Parabel

1.1.1 Die Parabel im Koordinatensystem

Als Parabel (lat. parabola, gr. $\pi\alpha\rho\acute{\alpha}\beta o\lambda\acute{\eta}$ = (das) Nebeneinanderwerfen) bezeichnet man eine Kurve, genauer ein Kegelschnitt, der entsteht, wenn man den Kegel mit einer Ebene schneidet, die parallel zu einer Mantellinie des Kegels ist.

Ein Körper, der sich in einem gleichförmigen Gravitationsfeld ohne Einwirkung anderer Kräfte bewegt, folgt einer parabelförmigen Bahn.

Allgemein werden unter Parabeln die Funktionsgraphen von ganz-rationalen Funktionen verstanden. Hat die Funktion den Grad n, dann wird der Graph als Parabel der Ordnung n bezeichnet. Die oben genannten Kegelschnitte lassen sich als Graphen von quadratischen Funktionen, also Funktionen der Form

$$f(x) = ax^2 + bx + c,$$

darstellen. Sie wird *Normalform der Parabelgleichung* genannt
Wir wollen aber von der mengentheoretischen Definition der Parabel ausgehend die Scheitelgleichung herleiten.

Eine Parabel kann als Punktmenge par $\subset \mathbb{R}^2$ in einem kartesischen Koordinatensystem verstanden werden, die folgend definiert ist:

Definition 1.1.1 (Parabel). *Eine Parabel ist die Menge aller Punkte P, deren Abstand zu einem speziellen festen Punkt, dem Brennpunkt F, und einer speziellen Geraden l, der Leitgeraden, gleich ist.*

$$\text{par} := \left\{ P \,|\, \overline{PF} = \overline{Pl} \right\}$$

Der Punkt, der in der Mitte zwischen Brennpunkt und Leitgerade liegt, heißt Scheitel der Parabel. Die Verbindungsgerade von Brennpunkt und Scheitel wird auch Achse der Parabel genannt. Sie ist die einzige Symmetrieachse der Parabel.

Wir wollen nun die Scheitelgleichung herleiten:

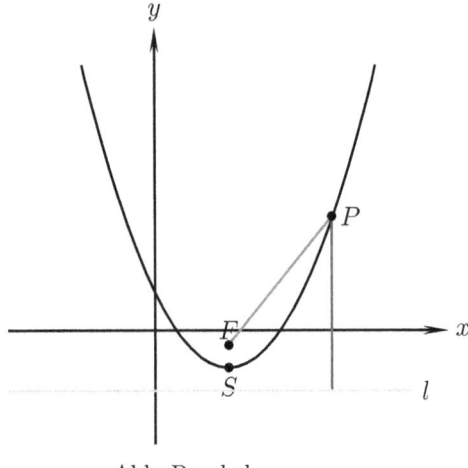

Abb. Parabel

Sei nun $p := \overline{Fl}$, $P(x|y)$ und $S(x_s|y_s)$.
Dann ist

$$\overline{FP} = \sqrt{(x - x_s)^2 + \left[y - \left(y_s + \frac{p}{2}\right)\right]^2}$$

und

$$\overline{Pl} = y + \left(\frac{p}{2} - y_s\right)$$

Direkt aus der Mengendefinition folgt

$$
\begin{aligned}
\sqrt{(x - x_s)^2 + \left[y - \left(y_s + \frac{p}{2}\right)\right]^2} &= y + \left(\frac{p}{2} - y_s\right) \\
\Rightarrow (x - x_s)^2 + \left[y - \left(y_s + \frac{p}{2}\right)\right]^2 &= \left[y + \left(\frac{p}{2} - y_s\right)\right]^2 \\
\Leftrightarrow (x - x_s)^2 + y^2 - 2y\left(\frac{p}{2} + y_s\right) + \left(\frac{p}{2} + y_s\right)^2 &= y^2 + 2y\left(\frac{p}{2} - y_s\right) + \left(\frac{p}{2} - y_s\right)^2 \\
\Leftrightarrow (x - x_s)^2 - 2y\left(\frac{p}{2} + y_s\right) + \left(\frac{p}{2} + y_s\right)^2 &= 2y\left(\frac{p}{2} - y_s\right) + \left(\frac{p}{2} - y_s\right)^2 \\
\Leftrightarrow (x - x_s)^2 + \left(\frac{p}{2} + y_s\right)^2 &= 2yp + \left(\frac{p}{2} - y_s\right)^2 \\
\Leftrightarrow (x - x_s)^2 &= 2yp + \left(\frac{p}{2} - y_s\right)^2 - \left(\frac{p}{2} + y_s\right)^2 \\
\Leftrightarrow (x - x_s)^2 &= 2yp - 2y_s p \\
\Leftrightarrow (x - x_s)^2 &= 2p(y - y_s) \\
\Leftrightarrow y &= \frac{1}{2p}(x - x_s)^2 + y_s.
\end{aligned}
$$

1.1.2 Normalform und Scheitelpunktform

Aus der Scheitelgleichung erhält man die Normalform einer Parabelgleichung durch Ausmultiplizieren.

$$y = \frac{1}{2p}(x - x_s)^2 + y_s = \frac{1}{2p}(x^2 - 2xx_s + x_s^2) + y_s = \underbrace{\frac{1}{2p}}_{a}\, x^2 - \underbrace{\frac{x_s}{p}}_{-b}\, x + \underbrace{\frac{x_s^2}{2p} + y_s}_{c}$$

Als *Brennweite* f einer Parabel ist die Strecke zwischen Scheitel und Brennpunkt definiert. Es gilt offensichtlich $p = 2f$. Damit erhalten wir folgenden Zusammenhang zwischen dem Spreizfaktor a und der Brennweite f:

$$a = \frac{1}{4f} \;\Leftrightarrow\; f = \frac{1}{4a}$$

Dieser einfache Zusammenhang ist wichtig z.B. bei der Konstruktion von Parabolid-Scheinwerfern. Das verwendete Leuchtmittel sollte sich im Brennpunkt des Reflektors befinden, um eine effektive Ausleuchtung zu gewährleisten.

Von der Normalform zur Scheitelgleichung:

Ist die Normalform der Parabelgleichung bekannt, dann kann sie auf zweierlei Weise in die Scheitelpunktform überführt werden:

1. **Über die Nullstellen der Parabel:**
   Falls die Parabel Nullstellen besitzt und diese bekannt sind, ist der Scheitelpunkt sehr leicht berechnet werden. Hierfür verwenden wir die Symmetrieeigenschaft der Parabel. Sei nun

$$y(x) = ax^2 + bx + c$$

gegeben mit den Nullstellen x_{n_1} und x_{n_2}. Da die Parabel symmetrisch zur Parabelachse ist, folgt unmittelbar

$$x_s = \frac{x_{n_1} + x_{n_2}}{2} \quad \text{und} \quad y_s = f\left(\frac{x_{n_1} + x_{n_2}}{2}\right)$$

und erhalten

$$y(x) = a\left(x - \frac{x_{n_1} + x_{n_2}}{2}\right)^2 + f\left(\frac{x_{n_1} + x_{n_2}}{2}\right).$$

2. **Mittels quadratischer Ergänzung:**
   Besitzt die Parabel keine Nullstellen, überführen wir den Funktionsterm mittels quadratischer Ergänzung in ein Binom und erhalten so die Scheitelgleichung. Sei $y(x) = ax^2 + bx + c$ gegeben. Dann gilt

$$
\begin{aligned}
y(x) &= ax^2 + bx + c \\
&= a\left(x^2 + \frac{b}{a}x\right) + c \\
&= a\left[x^2 + \frac{b}{a}x + \left(\frac{b}{2a}\right)^2 - \left(\frac{b}{2a}\right)^2\right] + c \\
&= a\left[x^2 + \frac{b}{a}x + \left(\frac{b}{2a}\right)^2\right] + c - \frac{b^2}{4a} \\
&= a\left(x + \frac{b}{2a}\right)^2 + c - \frac{b^2}{4a}
\end{aligned}
$$

mit $x_s = -\frac{b}{2a}$ und $y_s = c - \frac{b^2}{4a}$.

1.1.3   Parabeln und Geraden im Koordinatensystem

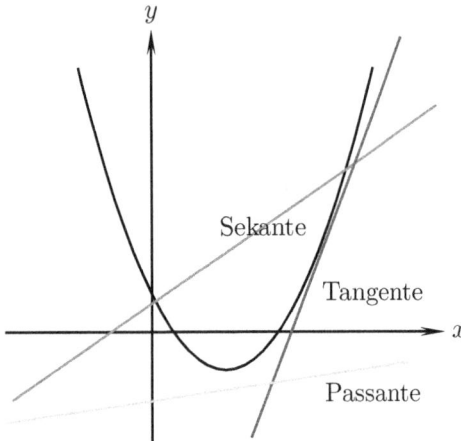

Abb.: Geraden an Parabel

Wie der Abbildung zu entnehmen ist, gibt es drei Typi von Geraden, die sich aus ihrer mögliche Lage zu einer Geraden ergeben:

1. **Die Sekante:**
   Von einer Sekante spricht man, wenn die Gerade eine Parabel schneidet.
   Seien nun die Funktionsgleichung der Parabel $f(x) = ax^2 + bx + c$ und die Schnittpunkte $P_1(x_1|y_1)$ und $P_2(x_2|y_2)$ bekannt. Wir wollen nun die Sekantengleichung $s(x) = mx + n$ bestimmen.
   Offensichtlich ist

$$m = \frac{y_2 - y_1}{x_2 - x_1} \quad \text{und} \quad y_1 = mx_1 + n$$

   Daraus folgt die Sekantengleichung

$$s(x) = \frac{y_2 - y_1}{x_2 - x_1}(x - x_1) + y_1.$$

2. **Die Tangente:**
   Eine Gerade $t(x)$ ist genau dann eine Tangente, wenn Parabel und Gerade nur einen gemeinsamen Punkt besitzen und beide Grafen sich nicht kreuzen. Seien nun, wie oben, die Parabelgleichung $f(x) = ax^2 + bx + c$ und der Berührungspunkt $P(x_t|y_t)$ bekannt. Die Tangentengleichung ergibt sich wie folgt:
   Die Tangentengleichung ist von der Form $t(x) = mx + n$. Zu bestimmen sind also die Parameter m und n. Hierfür benötigen wir zwei unabhängige Gleichungen.

   1. $y_t = mx_t + n \Leftrightarrow n = y_t - mx_t$

   2. $f(x) = t(x) \Rightarrow ax^2 + bx + c = mx + n \Leftrightarrow x^2 + \dfrac{b - m}{a}x + \dfrac{c - n}{a} = 0$

Wir verwenden die 2. Gleichung, um m zu berechnen.

$$0 = x^2 + \frac{b-m}{a}x + \frac{c-n}{a}$$

$$\Rightarrow x_{1,2} = \frac{m-b}{2a} \pm \underbrace{\sqrt{\left(\frac{m-b}{2a}\right)^2 + \frac{n-c}{a}}}_{=0,\ \text{da}\ |\mathbb{L}|=1}$$

Da die Tangente die Parabel nur in einem Punkt berührt, kann es also nur eine Lösung geben. Die Lösung ist uns bekannt, da, $x_{1,2} = x_t$ ist. Daraus folgt

$$x_t = \frac{m-b}{2a} \ \Leftrightarrow \ m = 2ax_t + b.$$

Dies setzen wir in die Geradengleichung $t(x) = mx + n$ ein und erhalten schließlich die Tangentengleichung

$$t(x) = (2ax_t + b)(x - x_t) + y_t.$$

3. **Die Passante:**

   Sei $g(x) = mx + n$ bekannt und $f(x)$ wie oben definiert. Eine Gerade g ist genau dann eine Passante, wenn sie und die Parabel keinen gemeinsamen Punkt haben. Das heißt, die Gleichung $g(x) = f(x)$ besitzt keine Lösung.

1.2 Der Kreis

Der Begriff Kreis gehört zu den wichtigsten Begriffen der euklidischen Geometrie.

Definition 1.2.1 (Kreis). *Ein Kreis ist definiert als Menge (geometrischer Ort) aller Punkte der euklidischen Ebene, deren Abstand von einem vorgegebenen Punkt M gleich einer festen Zahl $r \in \mathbb{R}_+$ ist. Formal bedeutet das*

$$k := \left\{ P \mid \overline{MP} = r \right\}.$$

Grundlegende Eigenschaften:

- Alle Kreise sind zueinander ähnlich. Das heißt, durch die Angabe einer einzigen Größe (zum Beispiel seines Radius) ist ein Kreis, bis auf Kongruenz, eindeutig bestimmt. In diesem Sinne ist es also gerechtfertigt, von *dem Kreis* zu sprechen.

- Der Kreis ist eine Figur von maximaler Symmetrie. Jeder Durchmesser ist eine Symmetrieachse. Jede Drehung um den Mittelpunkt bildet den Kreis auf sich selbst ab. Er ist damit, neben der Geraden, die einzige ebene Figur mit unendlich vielen Kongruenzabbildungen auf sich selbst.

- Der Kreis ist, neben der Geraden, die einzige ebene Kurve mit konstanter Krümmung. Seine Krümmung ist überall $\kappa = \frac{1}{r}$.

- Der Kreis ist unter allen geschlossenen Kurven gleicher Länge diejenige mit dem größten Flächeninhalt (isoperimetrische Eigenschaft des Kreises).

1.2.1 Der Kreis im Koordinatensystem

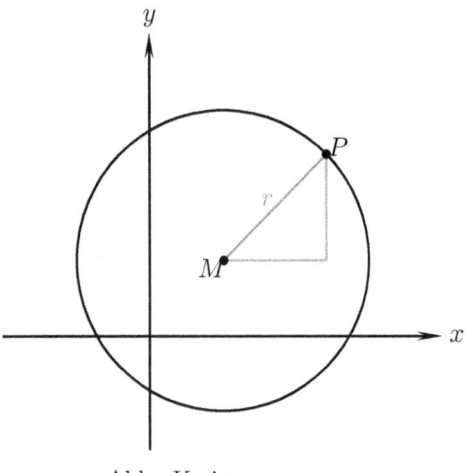

Abb.: Kreis

Der Kreismittelpunkt M habe die Koordinaten $M(x_M|y_M)$ und P die Koordinaten $P(x|y)$. Unter Verwendung des Satzes von Pythagoras erhalten wir folgende Relation:

$$(x - x_M)^2 + (y - y_M)^2 = r^2 \;\Leftrightarrow\; (y - y_M)^2 = r^2 - (x - x_M)^2.$$

Dies ist die allgemeine Kreisgleichung. Wir können also jetzt die Mengendefinition eines Kreises Formulieren.

$$K := \left\{ (x,y) \in \mathbb{R}^2 \,\middle|\, (x - x_M)^2 + (y - y_M)^2 = r^2 ; r > 0 \right\}$$

Für den Einheitskreis mit Mittelpunkt im Koordinatenursprung erhalten wir

$$y^2 = 1 - x^2.$$

1.2.2 Kreis und Gerade

Um die Lage einer Geraden in Bezug auf einen Kreis zu untersuchen, stellt sich die Frage nach Existenz und Anzahl ihrer Schnittpunkte.

Seien nun der Kreis $k : (y - y_M)^2 + (x - x_M)^2 = r^2$ und eine Gerade $g : y = mx + n$ gegeben. Gibt es gemeinsame Punkte, ist folgende Gleichung erfüllt:

$$
\begin{aligned}
r^2 &= (mx + n - y_M)^2 + (x - x_M)^2 &(*)\\
\Leftrightarrow r^2 &= (m^2 + 1)x^2 + 2(mn - my_M - x_M)x + n^2 + x_M^2 + y_M^2 - 2ny_M \\
\Leftrightarrow 0 &= x^2 + \underbrace{\frac{2(mn - my_M - x_M)}{m^2 + 1}}_{=:p} x + \underbrace{\frac{n^2 + x_M^2 + y_M^2 - 2ny_M - r^2}{m^2 + 1}}_{=:q} \\
\Rightarrow 0 &= x^2 + px + q
\end{aligned}
$$

mit ihren Lösungen

$$x_{1,2} = -\frac{p}{2} \pm \sqrt{\left(\frac{p}{2}\right)^2 - q}.$$

Für die Lage einer Geraden in Bezug auf einen gegebenen Kreis gibt es drei Möglichkeiten:

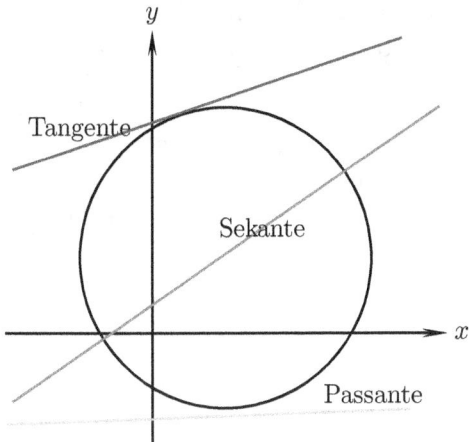

Abb.: Geraden am Kreis

1. Falls der Abstand des Kreismittelpunkts von der Geraden größer ist als der Kreisradius r, dann haben Kreis und Gerade keinen Punkt gemeinsam. In diesem Fall bezeichnet man die Gerade als *Passante* und die Gleichung (*) besitzt keine Lösung. Das heißt

$$\left(\frac{p}{2}\right)^2 < q \;\Rightarrow\; \left(\frac{mn - my_M - x_M}{m^2 + 1}\right)^2 < (n - y_M)^2 + x_M^2 - r^2.$$

2. Stimmt der Abstand des Mittelpunkts zu der Geraden mit dem Radius r überein, so gibt es genau einen gemeinsamen Punkt. Man sagt, dass die Gerade den Kreis berührt und nennt die Gerade eine *Tangente*. Eine Tangente steht im Berührpunkt orthogonal zum entsprechenden Radius. Der Berührpunkt habe die Koordinaten $B(x_b, y_b)$. Dann erhalten wir folgende Tangentialgleichungen:

   - $x_M \neq x_b$ und $y_M \neq y_b$:
     Wie man leicht nachrechnet ist die Radialgerade r, die durch die Punkte $M(x_M, y_M)$ und $B(x_b, y_b)$ geht, gegeben durch

     $$r(x) = \frac{y_b - y_M}{x_b - x_M}\,(x - x_M) + y_M.$$

     Die Tangente t ist orthogonal zu r und enthält den Punkt $B(x_b, x_b)$. Die Tangentengleichung ist daher gegeben durch

     $$t(x) = \frac{x_M - x_b}{y_b - y_M}\,(x - x_b) + y_b.$$

   - $x_M = x_b$ und $y_M \neq y_b$:
     Die Radialgleichung ist hier gegeben durch die Relation $x = x_M$, die Parallel zur y-Achse verläuft. Die Tangente ist dann eine Gerade, die Parallel zur x-Achse verläuft, wie man leicht sieht.

     $$t(x) = \frac{x_b - x_b}{y_b - y_M}\,(x - x_b) + y_b = y_b.$$

- $x_M \neq x_b$ und $y_M = y_b$:
  Die Radialgleichung ist hier gegeben durch die Funktion $r(x) = y_M$, die Parallel zur x-Achse verläuft. Die Tangente ist dann eine Gerade, die Parallel zur y-Achse verläuft, und wird beschrieben durch die Relation $x = x_b$.

3. Ist der Abstand zwischen Mittelpunkt und Gerade kleiner als der Kreisradius r, dann haben Kreis und Gerade zwei unterschiedliche Schnittpunkte und man spricht dann von einer *Sekante*. Manchmal bezeichnet man den Spezialfall einer Sekante, die durch den Mittelpunkt eines Kreises verläuft, als *Zentrale*.

1.2.3 Schnitt zweier Kreise

Es soll die Gleichung zur Berechnung der Schnittpunkte zweier Kreise, K_1 und K_2, hergeleitet werden.
K_1 und K_2 seien gegeben durch

$$
\begin{aligned}
K_1 &= \left\{ P \in \mathbb{R}^2 \,\middle|\, |\overline{M_1 P}| = r_1 \,;\, r_1 > 0 \right\} \\
K_2 &= \left\{ P \in \mathbb{R}^2 \,\middle|\, |\overline{M_2 P}| = r_1 \,;\, r_2 > 0 \right\}.
\end{aligned}
$$

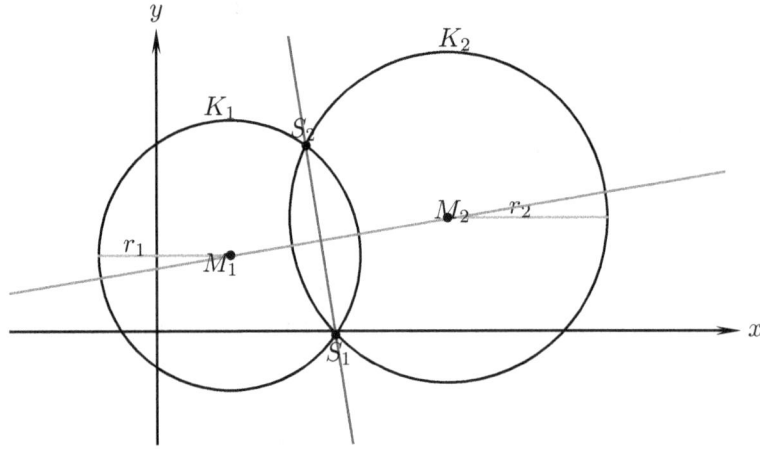

Abb.: Schnitt zweier Kreise

Sei $M_1(x_1, y_1)$ der Mittelpunkt von K_1 und $M_2(x_2, y_2)$ der Mittelpunkt von K_2. Sei ferner r_1 der Radius von K_1 und r_2 der von K_2, dann können die beiden Kreise beschrieben werden durch die Relationen

$$
\begin{aligned}
R_1 &: \quad (x - x_1)^2 + (y - y_1)^2 = r_1^2 \\
R_2 &: \quad (x - x_2)^2 + (y - y_2)^2 = r_2^2.
\end{aligned}
$$

Sei für die nachfolgende Betrachtung $x_1 \neq x_2$ und $y_1 \neq y_2$ vorausgesetzt. Für die Bestimmung der Schnittpunkte $S(x_s, y_s)$ ergibt sich dann folgendes Gleichungssystem:

$$
\begin{aligned}
&\left| \begin{aligned}
(x_s - x_1)^2 + (y_s - y_1)^2 &= r_1^2 \\
(x_s - x_2)^2 + (y_s - y_2)^2 &= r_2^2
\end{aligned} \right| \\[2mm]
\Leftrightarrow \quad &\left| \begin{aligned}
(x_s - x_1)^2 - (x_s - x_2)^2 + (y_s - y_1)^2 - (y_s - y_2)^2 &= r_1^2 - r_2^2 \\
(x_s - x_2)^2 + (y_s - y_2)^2 &= r_2^2
\end{aligned} \right|
\end{aligned}
$$

Ausmultiplizieren ergibt

$$
\left|
\begin{array}{rcl}
-2_s y_2 + 2y_s y_1 + y_2^2 - y_1^2 - 2x_s x_2 + 2x_s x_1 + x_2^2 - x_1^2 &=& r_1^2 - r_2^2 \\
(x_s - x_2)^2 + (y_s - y_2)^2 &=& r_2^2
\end{array}
\right|
$$

$$
\Leftrightarrow
\left|
\begin{array}{rcl}
\frac{x_1 - x_2}{y_2 - y_1}\, x_s + \frac{r_1^2 - r_2^2 + y_2^2 - y_1^2 + x_2^2 - x_1^2}{2(y_2 - y_1)} &=& y_s \\
(x_s - x_2)^2 + (y_s - y_2)^2 &=& r_2^2
\end{array}
\right|
$$

Wir setzen

$$
\begin{aligned}
m &:= \frac{x_1 - x_2}{y_2 - y_1} \\
n &:= \frac{r_1^2 - r_2^2 + y_2^2 - y_1^2 + x_2^2 - x_1^2}{2(y_2 - y_1)}.
\end{aligned}
$$

und erhalten

$$
\left|
\begin{array}{rcl}
m\,x_s + n &=& y_s \\
(x_s - x_2)^2 + (y_s - y_2)^2 &=& r_2^2
\end{array}
\right|
\Leftrightarrow
\left|
\begin{array}{rcl}
m\,x_s + n &=& y_s \\
(x_s - x_2)^2 + (m\,x_s + n - y_2)^2 &=& r_2^2
\end{array}
\right|
$$

Wir bringen die quadratische Gleichung noch in ihre Normalform

$$
\begin{aligned}
& (x_s - x_1)^2 + (mx + n - y_1)^2 = r_1^2 \quad (*) \\
\Leftrightarrow\; & x_s^2 - 2x_s x_1 + x_1^2 + m^2 x_s^2 + 2mx_s(n - y_1) + (n - y_1)^2 - r_1^2 = 0 \\
\Leftrightarrow\; & (1 + m^2)x_s^2 + (-2x_1 + 2m(n - y_1))\, x_s + x_1^2 + (n - y_1)^2 - r_1^2 = 0 \\
\Leftrightarrow\; & x_s^2 + \frac{2(-x_1 + m(n - y_1))}{1 + m^2}\, x_s + \frac{x_1^2 + (n - y_1)^2 - r_1^2}{1 + m^2} = 0
\end{aligned}
$$

und erhalten

$$
\left|
\begin{array}{rcl}
m\,x_s + n &=& y_s \\
x_s^2 + \frac{2(-x_1 + m(n - y_1))}{1 + m^2}\, x_s + \frac{x_1^2 + (n - y_1)^2 - r_1^2}{1 + m^2} &=& 0
\end{array}
\right|
$$

Anwendung der *p-q*-Formel ergibt

$$
\left|
\begin{array}{rcl}
y_{s_1,s_2} &=& m\,x_{s_1,s_2} + n \\
x_{s_1,s_2} &=& \frac{m(n - y_1) - x_1}{1 + m^2} \pm \sqrt{\left(\frac{m(n - y_1) - x_1}{1 + m^2}\right)^2 - \frac{x_1^2 + (n - y_1)^2 - r_1^2}{1 + m^2}}
\end{array}
\right|
$$

Folgende Fälle können nun auftreten:

1. $r_1 + r_2 > |\overline{M_1 M_2}| \;\Rightarrow\; K_1 \cap K_2 = \left\{(x_{s_1}, y_{s_1}), (x_{s_2}, y_{s_2})\right\}$, d.h. sie schneiden sich.
   Die beiden Kreise besitzen also zwei gemeinsame Punkte mit den Koordinaten

$$
\begin{aligned}
x_{s_1} &= \frac{m(n - y_1) - x_1}{1 + m^2} - \sqrt{\left(\frac{m(n - y_1) - x_1}{1 + m^2}\right)^2 - \frac{x_1^2 + (n - y_1)^2 - r_1^2}{1 + m^2}}, \\
y_{s_1} &= \frac{m^2(n - y_1) - mx_1}{1 + m^2} - m\sqrt{\left(\frac{m(n - y_1) - mx_1}{1 + m^2}\right)^2 - \frac{x_1^2 + (n - y_1)^2 - r_1^2}{1 + m^2}} + n
\end{aligned}
$$

und

$$x_{s_2} = \frac{m(n-y_1)-x_1}{1+m^2} + \sqrt{\left(\frac{m(n-y_1)-x_1}{1+m^2}\right)^2 - \frac{x_1^2+(n-y_1)^2-r_1^2}{1+m^2}},$$

$$y_{s_2} = \frac{m^2(n-y_1)-x_1}{1+m^2} + m\sqrt{\left(\frac{m(n-y_1)-mx_1}{1+m^2}\right)^2 - \frac{x_1^2+(n-y_1)^2-r_1^2}{1+m^2}} + n$$

2. $r_1 + r_2 = |\overline{M_1M_2}| \ \Rightarrow \ K_1 \cap K_2 = \{(x_b, y_b)\}$, d.h sie berühren sich. Die quadratische Gleichung $(*)$ besitzt nur eine Lösung. Daraus folgt

$$\sqrt{\left(\frac{m(n-y_1)-mx_1}{1+m^2}\right)^2 - \frac{x_1^2+(n-y_1)^2-r_1^2}{1+m^2}} = 0$$

Die Koordinaten des Tangentialpunktes sind also gegeben durch

$$x_b = \frac{m(n-y_1)-x_1}{1+m^2}$$

$$y_b = \frac{m^2(n-y_1)-x_1}{1+m^2} + n$$

3. $r_1 + r_2 < |\overline{M_1M_2}| \ \Rightarrow \ K_1 \cap K_2 = \emptyset$, d.h. sie sind punktfremd. Das Gleichungssystem besitzt dann keine Lösung.

Bemerkung. *Setzt man in der Gleichung $y_s = mx_s + n$ mit $x_s =: x$ und $y_s =: g(x)$ variabel, dann erhält man eine lineare Funktion, deren Graph die Schnittgerade der Kreise K_1 und K_2 bildet. Sie ist gegeben durch*

$$g(x) = \frac{x_1-x_2}{y_2-y_1}x + \frac{r_1^2-r_2^2+y_2^2-y_1^2+x_2^2-x_1^2}{2(y_2-y_1)}$$

ist im Übrigen eine Normale zur Verbindungslinie $\overline{M}_1M_2$.

Problem 1. *Ermitteln Sie die Schnittpunkte für den Fall*

(a) $x_1 = x_2$ und $y_1 \neq y_2$

(b) $x_1 \neq x_2$ und $y_1 = y_2$

und geben Sie in beiden Fällen eine Gleichung der Schnittgerade an.

1.3   Die Ellipse

Es gibt verschiedene Möglichkeiten, Ellipsen zu definieren. Neben der Definition über gewisse Abstände von Punkten ist es auch möglich eine Ellipse als Bild eines Kreises unter Parallelprojektion oder als ebenen Schnitt eines Kreiszylinders zu definieren. Ein beschränkter ebener

Schnitt eines Kreiskegels stellt sich ebenfalls als Ellipse heraus.

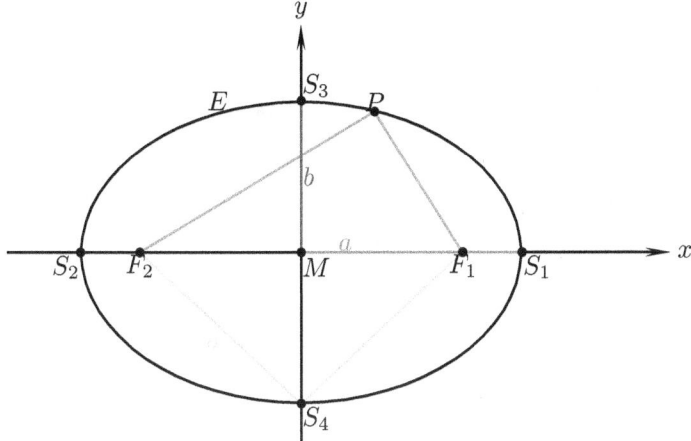

Abb.: Ellipse in der ersten Hauptlage mit Mittelpunkt im Koordinatenursprung

Definition 1.3.1 (Ellipse). *Eine Ellipse ist definiert als die Menge aller Punkte P der Zeichenebene, für die die Summe der Abstände zu zwei gegebenen Punkten F_1 und F_2 konstant ist. Die Punkte F_1 und F_2 heißen Brennpunkte. Formal ist die Punktmenge wie folgt definiert:*

$$E = \left\{ P \mid \overline{F_1P} + \overline{F_2P} = 2a \right\}.$$

Definition 1.3.2 (Lineare Exzentrizität). *Der Abstand $e \in \mathbb{R}$ der Brennpunkte vom Mittelpunkt heißt lineare Exzentrizität. Sie berechnet sich über das rechtwinklige Dreieck $\Delta(M, F_1, S_4)$ mit dem Satz des Pythagoras:*

$$e := \sqrt{a^2 - b^2}.$$

Definition 1.3.3 (Nummerische Exzentrizität). *Mit dem Quotienten $\frac{e}{a}$ wird die nummerische Exzentrizität $\varepsilon \in [0, 1[$ definiert:*

$$\varepsilon := \frac{e}{a} = \sqrt{1 - \frac{b^2}{a^2}}.$$

Bemerkung. *Die nummerische Exzentrizität ist eine dimensionslose Größe und ist identisch für alle ähnlichen Ellipsen. Sie ist also ein eindeutiges Maß für die Abplattung von Ellipsen.*

Bemerkung. *Direkt aus der Definition der nummerischen Exzentrizität folgt*

$$b = a\sqrt{1 - \varepsilon^2}.$$

Ist $a = b$, so ist $\varepsilon = 0$ und die Ellipse ein Kreis. Ist a groß gegen b, so ist $\varepsilon \approx 1$ und damit einer Parabel sehr nahe.

1.3.1 Die Ellipse im Koordinatensystem

Setzt man den Mittelpunkt in den Koordinatenursprung ($M = M(0|0)$) und die Brennpunkte F_1 und F_2 auf die Abszisse, so erhält man eine Ellipse in der 1. Hauptlage.

Seien nun im Folgenden $a_1 := \overline{F_1P}$ und $a_2 := \overline{F_2P}$. Dann ergibt sich folgendes Gleichungssystem:

(1) $a_1 + a_2 = 2a$

(2) $b^2 + e^2 = a^2$

(3) $y^2 = a_1^2 - (e + x)^2$

(4) $y^2 = a_2^2 - (e - x)^2$

Gleichung 1 folgt dabei direkt aus der Ellipsendefinition.

Nach Eleminierung von a_1, a_2 und e erhält man die Ellipsengleichung

$$\frac{y^2}{b^2} + \frac{x^2}{a^2} = 1.$$

Mittels linearer Koordinatentranslation erhält man die Ellipsengleichung für Ellipsen mit Mittelpunkt $M(x_M|y_M)$:

$$\frac{(y - y_M)^2}{b^2} + \frac{(x - x_M)^2}{a^2} = 1$$

Tangentengleichung:

Sei $B(x_b|y_b)$ ein Punkt auf einer Ellipse, deren Hauptachse parallel zur Abszisse verläuft. Die Tangente an B ist dann gegeben durch

$$\frac{(y - y_M)(y_b - y_M)}{b^2} + \frac{(x - x_M)(x_b - x_M)}{a^2} = 1.$$

Bemerkung. *Eine Ellipse wird zu einem Kreis, wenn man $a = b =: r$ wählt. Ein Kreis ist also eine spezielle Ellipse. Da der Kreis also in die Familie der Ellipsen eingebettet werden kann, stellen Ellipsen eine Verallgemeinerung von Kreisen dar. Die Ellipsengleichung und auch die Tangentengleichung der Ellipse lassen sich daher gleichwohl auf Kreise anwenden.*

Kapitel 2

Komplexe Zahlen

Die Unmöglichkeit der Lösung der Gleichung $x^2 + 1 = 0$ ist bei der Behandlung der quadratischen Gleichung schon sehr früh bemerkt und hervorgehoben worden, z.B. schon in der um 820 a.d. verfassten Algebra des Muhammed ibn Mùsá Alchwárizmî. Aber bei dem nächstliegenden und unanfechtbaren Schluss, dass diese Art von Gleichung nicht lösbar ist, blieb man nicht stehen.

In gewissem Sinne ist bereits der Italiener Gerolamo Cardano (1501 – 1576) in seinem 1545 erschienenen Buch *Artis magnae sive de regulis algebraicis liber unus* darüber hinausgegangen. Er behandelt dort die Aufgabe, zwei Zahlen zu finden, deren Produkt 40 und deren Summe 10 ist. Er hebt hervor, dass die dafür anzusetzende Gleichung $x(10-x) = 40$ oder $x^2 - 10x + 40 = 0$ keine Lösung hat, fügt aber einige Bemerkungen hinzu, indem er in die allgemeine Lösung der quadratischen Gleichung

$$x_{1,2} = -\frac{p}{2} \pm \sqrt{\left(\frac{p}{2}\right)^2 - q}$$

für p und q die Werte -10 und 40 einsetzt. Wenn es also möglich wäre, dem sich ergebenden Ausdruck $\sqrt{25 - 40}$ oder $\sqrt{-15}$ einen Sinn zu geben, und zwar so, dass man mit diesem Zeichen nach denselben Regeln rechnen dürfte, wie mit einer reellen Zahl, so würden die Ausdrücke $5 + \sqrt{-15}$ oder $5 - \sqrt{-15}$ in der Tat eine Lösung darstellen.

Für die Quadratwurzel aus negativen Zahlen und allgemeiner für alle aus einer beliebigen reellen Zahl α und einer positiven reellen Zahl β zusammengesetzten Zahl $\alpha + \sqrt{-\beta}$ oder $\alpha - \sqrt{-\beta}$ hat sich seit der Mitte des 17. Jahrhunderts die Bezeichnung imaginäre Zahl eingebürgert. Im Gegensatz dazu wurden als gewöhnliche Zahlen die reellen Zahlen bezeichnet. Eine solche Gegenüberstellung der zwei Begriffe findet sich in der 1637 erschienenen *La Géométrie* von Descartes und taucht dort wohl zum ersten Mal auf.

Heute bezeichnet man nur noch den Ausdruck, der durch die Wurzel aus einer negativen Zahl gebildet wird, als imaginäre Zahl und die von beiden Arten von Zahlen gebildete Menge von Zahlen als komplexe Zahlen. Man kann daher sagen, dass Cardano zum ersten Mal im heutigen Sinne mit komplexen Zahlen gerechnet und damit eine Reihe von Betrachtungen angestellt hat.

2.1   Imaginäre und komplexe Zahlen

2.1.1   Imaginäre Zahlen

Definition 2.1.1 (Imaginäre Zahl). *Eine Zahl a heißt* imaginär, *wenn ihr Quadrat kleiner als Null ist.*

Eine imaginäre Zahl i sei durch die Gleichung $i^2 = -1$ definiert. Und sei $\beta \in \mathbb{R}$. Wir erhalten dann jede imaginäre Zahl a als Skalarprodukt aus β und i, denn $a^2 = (\beta i)^2 = -\beta^2$.
Bemerkung: Insbesondere folgt daraus, dass imaginäre Zahlen, wie reelle Zahlen, anhand eines Zahlenstrahls dargestellt werden können. i wird auch als *imaginäre Einheit* bezeichnet.

Aus der Definitionsgleichung von i folgt $i^2 = -1 \;\Leftrightarrow\; i = \pm\sqrt{-1}$. Damit die Darstellung der Zahl i eindeutig bleibt, wurde sich auf $i = \sqrt{-1}$ geeinigt. Allerdings sei beim Rechnen mit der Wurzeldefinition größte Vorsicht geboten, denn sie ist nicht widerspruchsfrei. Einerseits gilt $i^2 = -1$, andererseits ist aber $i^2 = i \cdot i = \sqrt{-1} \cdot \sqrt{-1} = \sqrt{(-1) \cdot (-1)} = \sqrt{1} = 1$. Das ist ein Widerspruch zur Definition.

2.1.2   Komplexe Zahlen

Im Folgenden seien mit griechischen Kleinbuchstaben stets reelle Zahlen und mit lateinischen Kleinbuchstaben komplexe Zahlen bezeichnet.

Definition 2.1.2 (Komplexe Zahl). *Als komplexe Zahlen bezeichnet man die Zahlen der Form* $\alpha + \beta i$, *wobei für die Addition* $(\alpha_1 + \beta_1 i) + (\alpha_2 + \beta_2 i) = (\alpha_1 + \alpha_2) + (\beta_1 + \beta_2)i$ *gilt und für die Multiplikation* $(\alpha_1 + \beta_1 i) \cdot (\alpha_2 + \beta_2 i) = (\alpha_1\alpha_2 - \beta_1\beta_2) + (\alpha_1\beta_2 + \beta_1\alpha_2)i$.
Sei $a = \alpha + \beta i$. *Man nennt* α *den Realteil und* β *den Imaginärteil von* a *und schreibt dafür* $\alpha = \Re\{a\}$ *und* $\beta = \Im\{a\}$.

Satz 2.1.1 (Eindeutigkeit). *Eine komplexe Zahl* z *ist durch* α *und* β *eindeutig bestimmt.*

Beweis:
Sei $z = \alpha + \beta i$ gegeben und es gäbe zwei weitere Zahlen α' und β', so dass $z = \alpha' + \beta' i$. Nun ist $z - z = 0$. Daraus folgt

$$
\begin{aligned}
0 &= (\alpha + \beta i) - (\alpha' + \beta' i) = \alpha - \alpha' + (\beta - \beta')i \\
\Leftrightarrow \quad \alpha - \alpha' &= (\beta - \beta')i
\end{aligned}
$$

Da $\alpha, \alpha'\beta, \beta' \in \mathbb{R}$, ist obige Gleichung nur dann erfüllt, falls entweder $\beta - \beta' = 0$ oder $\alpha - \alpha' = 0$. O.B.d.A. genügt es, nur einen Fall zu betrachten. $\beta - \beta' = 0 \;\Leftrightarrow\; \beta = \beta'$. Daraus folgt $\alpha - \alpha' = (\beta - \beta)i = 0 \;\Leftrightarrow\; \alpha = \alpha'$. q.e.d.

Definition 2.1.3 (Komplex konjugierte Zahl). *Als die zur Zahl* $z = \alpha + \beta i$ *komplex konjugierte Zahl bezeichnet man die komplexe Zahl* $\bar{z}$, *die sich von a nur durch das Vorzeichen des Imaginärteils unterscheidet, also* $\bar{z} = \alpha - \beta i$.

Zwischen z und $\bar{z}$ gelten folgende Beziehungen:

1. $\bar{\bar{z}} = z$.
   Denn sei $z = \alpha + \beta i$. Dann ist $\bar{\bar{z}} = \overline{\overline{\alpha + \beta i}} = \overline{\alpha - \beta i} = \alpha + \beta i = z$.

2. $\bar{z} = z \iff z \in \mathbb{R}$.

   Beweis:

   ($\Rightarrow$): Sei $z = \alpha + \beta i$, dann ist

   $$\alpha + \beta i = \alpha - \beta i \iff 2\beta i = 0 \implies \beta = 0.$$

   Daraus folgt $z = \alpha$. Aus $\alpha \in \mathbb{R}$ und $z = \alpha$ folgt $z \in \mathbb{R}$.

   ($\Leftarrow$): Sei $z = \alpha + \beta i$ und $z \in \mathbb{R}$. Dann ist $z = \Re(z) = \alpha$. Aus $z = \alpha + \beta i$ und $z = \alpha$ folgt $\beta = 0$. Da $\alpha + 0 \cdot i = \alpha - 0 \cdot i$, folgt die Behauptung.

3. $\overline{a_1 \pm a_2} = \bar{a}_1 \pm \bar{b}_1$
   Denn sei $a_1 = \alpha_1 + \beta_1 i$ und $a_2 = \alpha_2 + \beta_2 i$, dann gilt

   $$
   \begin{aligned}
   \overline{a_1 \pm a_2} &= \overline{(\alpha_1 + \beta_1 i) \pm (\alpha_2 + \beta_2 i)} \\
   &= \overline{(\alpha_1 \pm \alpha_2) + (\beta_1 \pm \beta_2)i} \\
   &= (\alpha_1 \pm \alpha_2) - (\beta_1 \pm \beta_2)i \\
   &= (\alpha_1 - \beta_1 i) \pm (\alpha_2 - \beta_2 i) \\
   &= \overline{(\alpha_1 + \beta_1 i)} \pm \overline{(\alpha_2 + \beta_2 i)} \\
   &= \bar{a}_1 \pm \bar{a}_2.
   \end{aligned}
   $$

4. $\overline{a_1 \cdot a_2} = \bar{a}_1 \cdot \bar{a}_2$
   Denn

   $$
   \begin{aligned}
   \overline{a_1 \cdot a_2} &= \overline{(\alpha_1 + \beta_1 i) \cdot (\alpha_2 + \beta_2 i)} \\
   &= \overline{(\alpha_1 \alpha_2 - \beta_1 \beta_2) \cdot (\alpha_2 \beta_1 + \alpha_1 \beta_2)i} \\
   &= (\alpha_1 \alpha_2 - \beta_1 \beta_2) - (\alpha_2 \beta_1 + \alpha_1 \beta_2)i \\
   &= (\alpha_1 - \beta_1 i) \cdot (\alpha_2 - \beta_2 i) \\
   &= \overline{(\alpha_1 + \beta_1 i)} \cdot \overline{(\alpha_2 + \beta_2 i)} \\
   &= \bar{a}_1 \cdot \bar{a}_2.
   \end{aligned}
   $$

5. $\overline{\left(\frac{a_1}{a_2}\right)} = \frac{\bar{a}_1}{\bar{a}_2}$

Denn

$$\overline{\left(\frac{a_1}{a_2}\right)} = \overline{\left(\frac{\alpha_1 + \beta_1 i}{\alpha_2 + \beta_2 i}\right)}$$

$$= \overline{\left(\frac{\alpha_1 + \beta_1 i}{\alpha_2 + \beta_2 i} \cdot \frac{\alpha_2 - \beta_2 i}{\alpha_2 - \beta_2 i}\right)}$$

$$= \overline{\frac{(\alpha_1\alpha_2 + \beta_1\beta_2) + (\alpha_2\beta_1 - \alpha_1\beta_2)i}{\alpha_2^2 + \beta_2^2}}$$

$$= \frac{(\alpha_1\alpha_2 + \beta_1\beta_2) - (\alpha_2\beta_1 - \alpha_1\beta_2)i}{\alpha_2^2 + \beta_2^2}$$

$$= \frac{\alpha_1 - \beta_1 i}{\alpha_2 + \beta_2 i} \cdot \frac{\alpha_2 - \beta_2 i}{\alpha_2 - \beta_2 i}$$

$$= \frac{\alpha_1 - \beta_1 i}{\alpha_2 + \beta_2 i}$$

$$= \frac{\overline{\alpha_1 + \beta_1 i}}{\alpha_2 + \beta_2 i}$$

$$= \frac{\bar{a}_1}{a_2}.$$

6. $z \cdot \bar{z} = \alpha^2 + \beta^2$, denn $z \cdot \bar{z} = (\alpha + \beta i) \cdot (\alpha - \beta i) = \alpha^2 - (\beta i)^2 = \alpha^2 + \beta^2$.

7. $\Re(z) = \alpha = \frac{z + \bar{z}}{2}$ und $\Im(z) = \beta = \frac{z - \bar{z}}{2i}$.
   Der einfache Nachweis sei dem Leser zur Übung überlassen.

Definition 2.1.4. *Der* absolute Betrag *oder* Modul $|a|$ *einer komplexen Zahl a ist eine nicht-negative reelle Zahl, die gegeben ist durch*

$$|a| := \sqrt{a \cdot \bar{a}} = \sqrt{\alpha^2 + \beta^2}.$$

Für die Beträge komplexer Zahlen lassen sich folgende Beziehungen aus dem Reellen übertragen:
Für beliebige komplexe Zahlen a und b gilt

1. $|a \cdot b| = |a| \cdot |b|$.
   Denn sei $a = \alpha_1 + \beta_1 i$ und $b = \alpha_2 + \beta_2 i$. Dann gilt

$$\begin{aligned}
|a \cdot b| &= |(\alpha_1 + \beta_1 i) \cdot (\alpha_2 + \beta_2 i)| \\
&= |(\alpha_1\alpha_2 - \beta_1\beta_2) + (\alpha_1\beta_2 + \beta_1\alpha_2)i| \\
&= \sqrt{(\alpha_1\alpha_2 - \beta_1\beta_2)^2 + (\alpha_1\beta_2 + \beta_1\alpha_2)^2} \\
&= \sqrt{\alpha_1^2\alpha_2^2 + \beta_1^2\beta_2^2 - 2\alpha_1\alpha_2\beta_1\beta_2 + \alpha_1^2\beta_2^2 + \beta_1^2\alpha_2^2 + 2\alpha_1\beta_2\beta_1\alpha_2} \\
&= \sqrt{\alpha_1^2\alpha_2^2 + \beta_1^2\beta_2^2 + \alpha_1^2\beta_2^2 + \beta_1^2\alpha_2^2} \\
&= \sqrt{(\alpha_1^2 + \beta_1^2)(\alpha_2^2 + \beta_2^2)} = \sqrt{\alpha_1^2 + \beta_1^2} \cdot \sqrt{\alpha_2^2 + \beta_2^2} \\
&= |\alpha_1 + \beta_1 i| \cdot |\alpha_2 + \beta_2 i| \\
&= |a| \cdot |b|
\end{aligned}$$

2. $|a + b| \leq |a| + |b|$ (Dreiecksungleichung): (Angabe ohne Beweises)

Bemerkung: Die Menge der komplexen Zahlen bildet zusammen mit ihren Rechenregeln ein Körper, der die reellen Zahlen als Teilkörper enthält. Der Körper der komplexen Zahlen wird mit $\mathbb{C}$ bezeichnet. Schreibt man komplexe Zahlen als geordnete Paare (α, β), dann können die reellen Zahlen mit $(\alpha, 0)$ identifiziert werden und die Menge der imaginären Zahlen mit $(0, \beta)$.

2.2 Gaußsche Zahlenebene und kartesische Koordinaten

Definition 2.2.1. *Ein* Tupel *ist eine endliche Liste, in der hintereinander Objekte angegeben sind, wobei dasselbe Objekt auch mehrmals angegeben sein kann. Die in einem Tupel angegebenen Objekte heißen Komponenten.*

Ist n die Länge der Liste, so spricht man von einem n-Tupel, 3-Tupel nennt man auch Tripel, 4-Tupel Quadrupel, 5-Tupel Quintupel.

Zwei Tupel $(a_1, a_2, \ldots, a_n)$ und $(b_1, b_2, \ldots, b_m)$ sind genau dann gleich, wenn sie gleich lang (also $n = m$) und komponentenweise gleich sind (also $a_1 = b_1$, $a_2 = b_2$, $\ldots$, $a_n = b_n$).

Um Punkte innerhalb eines Koordinatensystems angeben zu können, haben wir bereits 2-Tupel verwendet, deren Komponenten, die Koordinaten der Punkte waren.

Im folgenden sind 2-Tupel, die auch als *geordnete Paare* bezeichnet werden, Gegenstand unserer Betrachtung.

Definition 2.2.2 (Gaußebene). *Als* Gaußsche Zahlenebene *wird die Menge aller 2-Tupel bezeichnet, welche aus der Beiordnung von imaginären zu reellen Zahlen entsteht.*

Der Begriff der Gaußschen Zahlenebene bezieht sich hauptsächlich auf die grafische Darstellung dieser Menge, die ansonsten besser als Menge der komplexen Zahlen $\mathbb{C}$ bekannt ist. Topologisch lässt sich diese Menge als zweidimensionaler Vektorraum beschreiben – daher stammt die Bezeichnung als Ebene. Dargestellt wird die Gaußebene als kartesisches Koordinatensystem mit dem reellen Zahlenstrahl als Abszisse und der *axis imaginära* als Ordinate. Die komplexen Zahlen z werden hier als Punkte in diesem Koordinatensystem mit den Koordinaten α und β repräsentiert. Dieses Darstellungsprinzip geht auf den Mathematiker Carl Friedrich Gauß zurück.

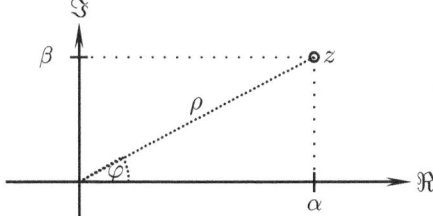

Abbildung 1: Gaußsche Ebene

Die komplexe Zahl z besitzt also folgende Koordinatendarstellung: $z = (\alpha, \beta)$.

Definition 2.2.3. *Ein kartesisches Koordinatensystem ist ein orthogonales Koordinatensystem, dessen Koordinatenlinien Geraden in konstantem Abstand sind.*

Beispiele kartesischer Koordinatensysteme:

- Die Koordinatensysteme, die wir verwenden, um Funktionsgrafen darzustellen

- Geodätische Koordinatensysteme (UTM, GK)

- Gaußebene

2.3 Eulersche Identität und Polarkoordinaten

Sei nun $z \in \mathbb{C}$ mit $z := (\alpha, \beta)$. Abbildung 1 zeigt eine Darstellung der Gaußebene. Mit Hilfe der Sätze aus der Geometrie lassen sich zwischen den Größen $\alpha, \beta \in \mathbb{R}$ und $\rho \in \mathbb{R}$, $\varphi \in [0, 2\pi] \subset \mathbb{R}$ folgende Beziehungen finden:

$$\begin{aligned}
\varphi &= \arctan\left(\frac{\beta}{\alpha}\right) \\
\alpha &= \rho\cos\varphi \\
\beta &= \rho\sin\varphi \\
\rho &= \sqrt{\alpha^2 + \beta^2} = |z|
\end{aligned}$$

z nimmt also folgende Gestalt an:

$$z = \rho\cos\varphi + i\rho\sin\varphi = \rho(\cos\varphi + i\sin\varphi) \tag{2.1}$$

Satz 2.3.1 (Eulersche Identität). *Sei $\varphi \in [0, 2\pi] \subset \mathbb{R}$, dann gilt*

$$e^{i\varphi} = \cos\varphi + i\sin\varphi.$$

Beweis:

Wir benutzen die Beziehung $e^x = \sum\limits_{k=0}^{\infty} \frac{x^k}{k!}$. Sei $k \in \mathbb{I}$ und $\varphi \in [0, 2\pi] \subset \mathbb{R}$. Dann gilt

$$\begin{aligned}
e^{i\varphi} &= \sum_{k=0}^{\infty} \frac{(i\varphi)^k}{k!} \\
&= \sum_{k=0}^{\infty} \frac{(i\varphi)^{2k}}{(2k)!} + \sum_{k=0}^{\infty} \frac{(i\varphi)^{2k+1}}{(2k+1)!} \\
&= \sum_{k=0}^{\infty} \frac{(i^2)^k \varphi^{2k}}{(2k)!} + \sum_{k=0}^{\infty} \frac{i(i^2)^k \varphi^{2k+1}}{(2k+1)!} \\
&= \underbrace{\sum_{k=0}^{\infty} \frac{(-1)^k \varphi^{2k}}{(2k)!}}_{\cos\varphi} + i\underbrace{\sum_{k=0}^{\infty} \frac{(-1)^k \varphi^{2k+1}}{(2k+1)!}}_{\sin\varphi} \\
\Rightarrow e^{i\varphi} &= \cos\varphi + i\sin\varphi
\end{aligned}$$

Wir verwenden jetzt Satz 2.3.1, um Gleichung 2.1 zu vereinfachen und erhalten

$$z = \rho e^{i\varphi}.$$

Wir haben also einen neuen Satz an Koordinaten (ρ, φ) gefunden, mit denen wir z darstellen können. Bei Multiplikation und Division von komplexen Zahlen kommen hier die Rechenregeln der Potenzrechnung zur Anwendung, was zu einer großen Vereinfachung führt.

Beispiele:

- **Multiplikation:** Seien $z_1 = \rho_1 e^{i\varphi_1}$ und $z_2 = \rho_2 e^{i\varphi_2}$. Dann gilt

$$z_1 \cdot z_2 = \rho_1 e^{i\varphi_1} \cdot \rho_2 e^{i\varphi_2} = \rho_1 \rho_2 e^{i(\varphi_1 + \varphi_2)}$$

  Die Beträge werden also multipliziert und die Argumente addiert.

- **Division:** Seien $z_1 = \rho_1 e^{i\varphi_1}$ und $z_2 = \rho_2 e^{i\varphi_2}$. Dann gilt

$$\frac{z_1}{z_2} = \frac{\rho_1 e^{i\varphi_1}}{\rho_2 e^{i\varphi_2}} = \frac{\rho_1}{\rho_2}\, e^{i(\varphi_1 - \varphi_2)}$$

  Die Beträge werden also dividiert und die Argumente subtrahiert.

Rechenregeln:

	kartesische Koordinaten	Polarkoordinaten
$\pm$	$(\alpha_1, \beta_1) \pm (\alpha_2, \beta_2) = (\alpha_1 \pm \alpha_2, \beta_1 \pm \beta_2)$	$(\rho_1, \varphi_1) \pm (\rho_2, \varphi_2)$
$\cdot$	$(\alpha_1, \beta_1) \cdot (\alpha_2, \beta_2) = (\alpha_1\alpha_2 - \beta_1\beta_2, \alpha_1\beta_2 + \beta_1\alpha_2)$	$(\rho_1, \varphi_1) \cdot (\rho_2, \varphi_2) = (\rho_1\rho_2, \varphi_1 + \varphi_2)$
$\div$	$\frac{(\alpha_1, \beta_1)}{(\alpha_2, \beta_2)} = \left(\frac{\alpha_1\alpha_2 + \beta_1\beta_2}{\alpha_2^2 + \beta_2^2}, \frac{\beta_1\alpha_2 - \alpha_1\beta_2}{\alpha_2^2 + \beta_2^2}\right)$	$\frac{(\rho_1, \varphi_1)}{(\rho_2, \varphi_2)} = \left(\frac{\rho_1}{\rho_2}, \varphi_1 - \varphi_2\right)$
$\wedge n$	$(\alpha, \beta)^n = *$	$(\rho, \varphi)^n = (\rho^n, n\varphi)$

$$(*)\quad \left(\sum_{1 < 2k \leq n} (-1)^k \binom{n}{2k} \alpha^{2k}\beta^{n-2k},\ \sum_{1 \leq 2k+1 \leq n} (-1)^{k-1} \binom{n}{2k+1} \alpha^{2k+1}\beta^{n-2k-1}\right)$$

2.4 Anwendung

Verwendung finden komplexe Zahlen beispielsweise in der Physik. Da wären komplexwertige Differentialoperatoren in der Quantenmechanik und komplexwertige Lösungen der Maxwell'schen Gleichungen genannt.

Als Anwendungsbeispiel wollen wir das Problem des Gerolamo Cardano lösen. Zu finden waren zwei Zahlen, die addiert 10 und miteinander multipliziert 40 ergeben. Zu lösen ist also folgendes Gleichungssystem:

$$\left.\begin{array}{rcl} x + y & = & 10 \\ x \cdot y & = & 40 \end{array}\right| \Leftrightarrow \left.\begin{array}{rcl} y & = & 10 - x \\ x(10 - x) & = & 40 \end{array}\right|$$

Zu lösen ist also die quadratische Gleichung $x^2 - 10x + 40 = 0$. Wir setzen dies in die p-q-Formel ein und erhalten

$$x_{1,2} = 5 \pm \sqrt{25 - 40} = 5 \pm \sqrt{-15} = 5 \pm \sqrt{15}\,i$$

Die beiden Lösungen sind also $x = 5 + \sqrt{15}\,i$ und ihre Komplex-Konjugierte. Für y erhalten wir $y_{1,2} = 10 - x_{1,2} = 5 \mp \sqrt{15}\,i$, ist also jeweils die zu x Komplex-Konjugierte. Es reicht also, nur einen Fall für die Probe zu betrachten: $x + y = 5 + \sqrt{15}\,i + 5 - \sqrt{15}\,i = 10$ Für das Produkt gilt $x \cdot y = (5 + \sqrt{15}\,i)(5 - \sqrt{15}\,i) = 25 + 15 = 40$.

Wir haben also die beiden Zahlen x und y gefunden, die das Gleichungssystem lösen.

Kapitel 3

Folgen, Reihen und Funktionen

3.1 Folgen

Unter einer Folge versteht man eine in ihrer Anordnung festgelegte Auflistung von endlich oder unendlich vielen Zahlen. Die einzelnen Zahlen, aus denen sich eine Folge zusammensetzt, heißen Glieder der Folge.

In den meisten Anwendungen sind die Folgenglieder ganze, rationale oder reelle Zahlen. So können zeitlich angeordnete Temperatur-Messdaten oder Börsenkurse als Folgen interpretiert werden.
In der Informatik sind es Arrays, die als endliche Folgen interpretiert werden können.
Unendliche Folgen können gegen einen Grenzwert konvergieren. Die Theorie der Grenzwerte unendlicher Folgen ist eine wichtige Grundlage der Analysis, denn auf ihr beruhen die Berechnung von Grenzwerten von Funktionen, die Definition der Ableitung (Differentialquotient als Grenzwert einer Folge von Differenzenquotienten) und der Riemannsche Integralbegriff.

Da die Glieder einer Folge fest angeordnet sind, können sie mit einem Index versehen werden, durch den sie „adressierbar" werden. Meistens werden die Indexelemente aus der Menge $\mathbb{N}$ entnommen. Im Folgendem legen wir endliche Indexmengen $\{1, \ldots, n\} =: \mathbb{I} \subset \mathbb{N}$ zugrunde, da wir uns zunächst nur auf Folgen mit endlich vielen Folgengliedern beschränken wollen. Dadurch ergibt sich folgende formale Definition für Folgen:

Definition 3.1.1. Folge:
Sei $i \in \mathbb{I}$. Die Abbildung

$$
\begin{aligned}
f : \mathbb{I} &\longrightarrow X \\
i &\longmapsto f(i) = a_i
\end{aligned}
$$

eine Folge. Hierfür schreibt man dann $(a_i)_{i \in \mathbb{I}}$.

Es ist aber strikt zwischen Folge $(a_i)_{i \in \mathbb{I}}$ und Bildmenge der Folge $\{a_i \mid i \in \mathbb{I}\}$ zu unterscheiden. Z.B. hat die Folge $0, 1, 0, 2, 0, 3$ die Bildmenge $\{0, 1, 2, 3\}$.

3.1.1 Bildungsgesetz

- **Angabe von Anfangsgliedern:**
  Dies ist eine sehr schwammige Methode, um ein Bildungsgesetz für eine Folge anzuge-

ben. Wer kennt nicht die für IQ-Tests typischen Aufgaben, in denen eine vorgegebene Zahlenfolge fortgeführt werden soll. Dabei ist eine Folge durch Angabe von Anfangsgliedern nie vollständig definiert. Nehmen wir mal als Beispiel $0, 1, 2, 3, \ldots$ Logisch erschien doch $\ldots, 4, 5, 6, \ldots$ als Fortführung. Allerdings wäre folgendes auch denkbar: $0, 1, 2, 3, 0, 1, 2, 3, \ldots$. Dies wäre eine periodische Folge, die $\mathbb{I}$ auf $\{n \in \mathbb{I} | a_n = n \mod 4\}$ abbildet.

- **Angabe einer Funktionsvorschrift:**
  Für viele, allerdings keinesfalls für alle Folgen kann man eine Funktionsvorschrift $i \mapsto a_i$ in Form einer geschlossenen Gleichung angeben. Solche Folgen bezeichnet man als *reguläre* Folgen.

  Beispiele:

  1. $a_i = i$
  2. $a_i = 4i + 5$
  3. $a_i = \frac{2^i}{i+1}$

- **Angabe einer Rekursion:**
  Das Bildungsgesetz einer Folge kann auch rekursiv angegeben werden. Dazu nennt man m Anfangswerte (mit $m \geq 1$; meistens ist $m = 1$ oder $m = 2$) sowie eine Vorschrift, wie ein Folgenglied a_i aus den vorhergehenden m Gliedern $a_{i-m}, \ldots, a_{i-1}$ berechnet werden kann.

  Das bekannteste Beispiel für eine Folge, die sich wesentlich einfacher durch eine Rekursionsvorschrift als durch eine Funktionsvorschrift beschreiben lässt, ist die Fibonacci-Folge $0, 1, 1, 2, 3, 5, 8, \ldots$ Für sie ist $m = 2$, gegeben sind die zwei Anfangsglieder $a_0 = 0$ und $a_1 = 1$ sowie die Rekursionsvorschrift $a_i = a_{i-2} + a_{i-1}$.
  Für manche Folgen kann man umgekehrt aus der Funktionsvorschrift eine Rekursionsvorschrift ableiten. Zum Beispiel folgt für die geometrische Folge aus der Funktionsvorschrift $a_i = a_0 q^i$ die Rekursion $a_i = q \cdot a_{i-1}$.

- **Bildung durch Summation von Folgengliedern** (Reihen):
  Spezielle Folgen sind die sog. Reihen, auf die weiter unten näher eingegangen werden wird. Dabei werden die Folgenglieder einer Reihe durch Summation von Gliedern einer ihr zugrundeliegenden Folge gebildet. Das Bildungsgesetz lässt sich dann wie folgt niederschreiben:
  Sei $(a_i)_{i \in \mathbb{I}}$ eine Folge. Die Reihe s_n über $(a_i)_{i \in \mathbb{I}}$ ist dann gegeben durch

  $$s_n := \sum_{i=0}^{n} a_i = a_0 + a_1 + a_2 + \cdots + a_{n-1} + a_n.$$

- **Angabe eines Algorithmus:**
  Für manche Folgen gibt es eine klar definierte Konstruktionsvorschrift, aber keine Funktionsvorschrift. Das bekannteste Beispiel ist die Folge der Primzahlen $2, 3, 5, 7, 11, \ldots$ Bereits den alten Griechen (möglicherweise auch Indern) war es bekannt, wie man immer weitere Glieder dieser Folge berechnet. Es gibt jedoch keine Methode, zu einem gegebenen i die i-te Primzahl anzugeben, ohne zuvor die gesamte Folge von der ersten

bis zur $(i-1)$-ten Primzahl zu berechnen (oder nachzuschlagen). Wenn man nicht die zehnte oder die hundertste, sondern die 1020-ste Primzahl wissen möchte, macht dies den Unterschied zwischen berechenbar und nicht berechenbar aus und hat weitreichende Implikationen für die Sicherheit von Verschlüsselungs- und Authentifizierungsalgorithmen, die auf Primzahlen beruhen.

3.1.2 Charakterisierung von Folgen

Folgen lassen sich wie Funktionen über ihr Steigungsverhalten und ihre Bildmenge charakterisieren. So gibt es beschränkte, alternierende, periodische und monotone Folgen, deren Eigenschaften folgend erläutert wird.

- **Beschränktheit:** Eine Folge heißt *nach oben beschränkt*, falls eine obere Schranke S existiert, für die gilt

$$a_i \leq S \; \forall \; i \in \mathbb{I}.$$

Die kleinste obere Schranke wird *Supremum* genannt und gibt das größte Element der Bildmenge wieder. Somit kann man die obere Schranke S einer Folge $(a_i)_{i \in \mathbb{I}}$ folgendermaßen angeben:

$$S = \sup\{a_i \mid i \in \mathbb{I}\}$$

Die untere Schranke einer nach *unten beschränkten Folge* definiert man analog. Die größte untere Schranke heißt *Infimum*. Eine untere Schranke S einer nach unten beschränkten Folge $(b_i)_{i \in \mathbb{I}}$ lässt sich in analoger Weise angeben:

$$S = \inf\{b_i \mid i \in \mathbb{I}\}$$

- **Monotonie:** Eine Folge $(a_i)_{i \in \mathbb{I}}$ heißt *monoton wachsend*, falls für alle $i \in \mathbb{I}$ gilt:

$$a_i \leq a_{i+1}.$$

Die Folge $(a_i)_{i \in \mathbb{I}}$ heißt *streng monoton wachsend*, falls $\forall \; i \in \mathbb{I}$ gilt:

$$a_i < a_{i+1}.$$

Analog definiert man die Begriffe *monoton fallend* und *streng monoton fallend*.

- **alternierende Folgen:** Eine Folge $(a_i)_{i \in \mathbb{I}}$ heißt alternierend, wenn ihre Glieder abwechselnd positiv und negativ sind. Das heißt, falls $a_i > 0$, dann ist $a_{i+1} < 0$. Ein typischer Vertreter alternierender Folgen ist

$$a_i = \frac{(-1)^i}{i}.$$

- **periodische Folgen:** Eine unendliche Folge, die aus Wiederholungen einer endlichen Teilfolge besteht, heißt periodisch. Es gibt eine Periodenlänge n, und $\forall \; i \in \mathbb{I}$ gilt:

$$a_i = a_{i+n}.$$

3.1.3 Wichtige Klassen von Folgen

- **Arithmetische Folgen:** Arithmetische Folgen werden dadurch charakterisiert, dass die Differenz ihrer Glieder stets konstant sind. D.h. $a_{i+1} - a_i = $ const. Eine arithmetische Folge hat daher stets die Form

$$a_i = a_0 + id,$$

denn

$$\begin{aligned} a_{i+1} - a_i &= a_{i+1} = a_0 + (i+1)d - a_0 + id \\ &= id + d - id \\ &= d \end{aligned}$$

Dies gilt für alle $i \in \mathbb{I}$.

- **Geometrische Folgen:** Charakteristisch für geometrische Folgen ist, dass benachbarte Glieder in einem konstanten Verhältnis zueinander stehen. D.h.

$$\frac{a_{n+1}}{a_n} = q$$

Geometrische Folgen sind daher stets von der Form

$$a_i = a_0\, q^i,$$

denn

$$\begin{aligned} \frac{a_{n+1}}{a_n} &= \frac{a_0\, q^{i+1}}{a_0\, q^i} \\ &= q \frac{q^i}{q^i} = q. \end{aligned}$$

- **Folgen auf Potenzfunktionsbasis:** Mit dieser Klasse lassen sich Hyperbelterme, Wurzelterme und Terme beliebiger Potenz darstellen. Im Allgemeinen hat eine Folge dieser Klasse folgendes Bildungsgesetz:

$$a_i = (bi + c)^z + d \qquad \text{mit } b, c, d, z \in \mathbb{R}$$

3.1.4 Unendliche Folgen und Konvergenz

Bislang haben wir nur endliche Folgen, d.h. Folgen mit endlichen Indexmengen $\mathbb{I} := \{0, 1, \dots, n\} \subset \mathbb{N}$ betrachtet. Diese Beschränkung wollen wir jetzt aufheben, indem wir die Indexmenge $\mathbb{I}$ auf ganz $\mathbb{N}$ ausweiten. Zur Beschränktheit von Folgen kommt hier eine weitere grundlegende Eigenschaft hinzu, die unendliche Folgen haben können. Es ist die der Konvergenz. Den Zusammenhang zwischen Beschränktheit und Konvergenz liefert der Satz von Bolzano-Weierstraß, der in diesem Paragrafen formuliert aber nicht bewiesen wird.

Definition 3.1.2. *Die Folge $(a_i)_{i \in \mathbb{N}}$ konvergiert gegen a (im Zeichen $\lim\limits_{i \to \infty} a_i = a$), falls es zu jedem $\epsilon > 0$ ein $N(\epsilon)$ gibt, so dass $|a - a_n| < \epsilon$ für alle $n \geq N$.*

$N(\epsilon)$ deutet dabei an, dass N von der Wahl des ϵ abhängt.

Die Definition der Konvergenz ist so zu verstehen, dass sich *fast alle* Glieder der Folge $(a_i)_{i\in\mathbb{N}}$ innerhalb des offenen Intervalls $]a - \frac{\epsilon}{2}, a + \frac{\epsilon}{2}[$ befinden. „Fast alle" bedeutet dabei alle bis auf endlich viele. Das offene Intervall $]a - \frac{\epsilon}{2}, a + \frac{\epsilon}{2}[$ bezeichnet man als ϵ-Umgebung von a.

Definition 3.1.3. *Eine Folge $(a_i)_{i\in\mathbb{N}}$ heißt divergent, falls sie gegen keine reelle Zahl konvergiert.*

Beispiele:

1. Die konstante Folge $a_i = a$ konvergiert gegen a. Denn sei $\epsilon > 0$ beliebig. Dann ist $|a - a| = 0 < \epsilon \; \forall i$. Damit ist die Konvergenz bewiesen.

2. Die Folge $a_i = \frac{1}{i}$ konvergiert gegen 0. Sei $\epsilon > 0$ beliebig, dann gilt für alle $i \geq N(\epsilon) > \frac{1}{\epsilon}$
   $$\left| \frac{1}{i} - 0 \right| < \epsilon \text{ für alle } i \geq N(\epsilon).$$

3. Die Folge $a_i = (-1)^i$ divergiert. Den Beweis führen wir mittels eines Widerspruchsbeweises. Angenommen, $(a_i)_{i\in\mathbb{N}}$ konvergiere gegen ein a. Dann gibt es für $\epsilon = 1$ ein $N(\epsilon)$, so dass für alle $i \geq N(\epsilon)$ $|a - a_i| < \epsilon$ ist. Nach der Dreiecksungleichung gilt
   $$2 = |(a_i - a) + (a - a_j)| \leq |a_i - a| + |a - a_j| < 1 + 1.$$

   Wir erhalten also die Ungleichung $2 < 2$. Das ist ein Widerspruch. Daher gibt es keine reelle Zahl a, gegen die $(a_i)_{i\in\mathbb{N}}$ konvergiert.

Es gibt einen Zusammenhang zwischen Beschränktheit und Konvergenz von Folgen.

Satz 3.1.1. *Jede konvergente Folge ist beschränkt.*

Die Umkehrung dieses Satzes gilt allerdings nicht, denn die Folge $a_i = (-1)^i$ ist beschränkt, konvergiert jedoch nicht.

Allerdings gibt es eine schwächere Aussage, den Satz von Bolzano-Weierstraß: Bevor wir diesen für die Theorie sehr wichtigen Satz formulieren können, müssen wir erst einmal klären, was unter einer *Teilfolge* verstanden wird.

Definition 3.1.4. *Sei $(a_i)_{i\in\mathbb{N}}$ eine Folge und $i_0 < i_1 < i_2 < \ldots$ eine aufsteigende Folge natürlicher Zahlen. Dann heißt die Folge*

$$(a_{i_k})_{k\in\mathbb{N}} = (a_{i_0}, a_{i_1}, a_{i_2}, \ldots)$$

Teilfolge von $(a_i)_{i\in\mathbb{N}}$.

Aus der Definition folgt unmittelbar: Konvergiert die Folge $(a_i)_{i\in\mathbb{N}}$ gegen a, dann konvergiert jede Teilfolge $(a_{i_k})_{k\in\mathbb{N}}$ von $(a_i)_{i\in\mathbb{N}}$ ebenfalls gegen a.

Satz 3.1.2 (Bolzano-Weierstraß)**.** *Jede beschränkte Folge $(a_i)_{i\in\mathbb{N}}$ reeller Zahlen besitzt eine konvergente Teilfolge.*

Allerdings folgt bei monotonen Folgen aus ihrer Beschränktheit ihre Konvergenz.

Definition 3.1.5. *Eine Zahl a heißt Häufungspunkt der Folge $(a_i)_{i\in\mathbb{N}}$, falls es eine Teilfolge von $(a_i)_{i\in\mathbb{N}}$ gibt, die gegen a konvergiert.*

Beispiele:

1. Die Folge $a_i = (-1)^n$ besitzt die Häufungspunkte -1 und $+1$, denn es gilt

$$\lim_{k \to \infty} a_{2k} = 1 \text{ und } \lim_{k \to \infty} a_{2k+1} = -1$$

2. Die Folge $a_i = (-1)^i + \frac{1}{i}$ besitzt ebenfalls die beiden Häufungspunkte -1 und $+1$, denn es gilt

$$\lim_{k \to \infty} a_{2k} = \lim_{k \to \infty} \left(1 + \frac{1}{2k}\right) = 1$$

und analog $\lim_{k \to \infty} a_{2k+1} = -1$.

3. Die Folge $a_i = i$ besitzt keine Häufungspunkte, da jede Teilfolge unbeschränkt ist, also nicht konvergiert.

4. Die Folge

$$a_i := \begin{cases} i, & \text{falls } i \text{ gerade} \\ \frac{1}{i}, & \text{falls } i \text{ ungerade} \end{cases}$$

ist unbeschränkt, hat aber den Häufungspunkt 0, da die Teilfolge $(a_{2k+1})_{k \in \mathbb{N}}$ gegen 0 konvergiert.

5. Für jede konvergente Folge ist ihr Grenzwert ihr einziger Häufungspunkt.

Zum Schluss dieses Paragraphen wird noch ein Konvergenzkriterium formuliert, welches ohne eine Angabe eines Grenzwertes auskommt. So kann man ohne Folgen ohne Annahme der Existenz eines Grenzwertes auf Konvergenz untersuchen. Somit kommen wir zur Definition der Cauchy-Folgen:

Definition 3.1.6. *Eine Folge $(a_n)_{n \in \mathbb{N}}$ heißt Cauchy-Folge, wenn gilt:*
Zu jedem $\epsilon > 0$ existiert ein $N \in \mathbb{N}$, so dass

$$|a_n - a_m| < \epsilon \text{ für alle } n, m \geq N.$$

Man kann also grob gesprochen sagen: Eine Folge ist dann eine Cauchy-Folge, wenn die Folgenglieder untereinander beliebig wenig abweichen, wenn der Index nur groß genug ist. Dies gilt für jede konvergente Folge. Und der Beweis ist denkbar einfach.

Satz 3.1.3. *Jede konvergente Folge ist eine Cauchy-Folge.*

Beweis:

Die Folge $(a_n)_{n \in \mathbb{N}}$ konvergiere gegen a. Dann gibt es zu jedem vorgegebenen $\epsilon > 0$ ein $N \in \mathbb{N}$, so dass $|a_n - a| < \frac{\epsilon}{2}$ für alle $n \geq N$. Für alle $n, m \geq N$ gilt dann

$$|a_n - a_m| = |(a_n - a) + (a - a_m)| \geq |a_n - a| + |a_m - a| = \frac{\epsilon}{2} + \frac{\epsilon}{2} = \epsilon.$$

Die Umkehrung dieses Satzes findet man in der Fachliteratur unter dem Begriff *Vollständigkeitsaxiom*. Dieses Axiom besagt, dass in $\mathbb{R}$ jede Cauchy-Folge konvergiert.

Rechenregeln:

Seien $(a_i)_{i\in\mathbb{N}}$ und $(b_i)_{i\in\mathbb{N}}$ zwei konvergente Folgen mit $\lim\limits_{i\to\infty} a_i =: a$ und $\lim\limits_{i\to\infty} b_i = b$. Dann gilt

1.

$$\lim_{i\to\infty}(a_i + b_i) = \lim_{i\to\infty} a_i + \lim_{i\to\infty} b_i = a + b$$

2.

$$\lim_{i\to\infty}(a_i b_i) = \lim_{i\to\infty} a_i \cdot \lim_{i\to\infty} b_i = a \cdot b \qquad (*)$$

3. Sei $b_i \neq 0$ für alle $i > n$. Dann gilt

$$\lim_{i\to\infty}\left(\frac{a_i}{b_{i>n}}\right) = \frac{\lim\limits_{i\to\infty} a_i}{\lim\limits_{i\to\infty} b_i} = \frac{a}{b}$$

4. Sei $\lambda \in \mathbb{R}$ gegeben. Dann gilt

$$\lim_{i\to\infty}(\lambda a_i) = \lambda \lim_{i\to\infty} a_i = \lambda a$$

Dies folgt aus (*), wenn man $b_i = \lambda$ setzt.

3.2 Reihen

Wie oben bereits schon beschrieben lässt sich eine Reihe leicht aus einer Folge $(a_i)_{i\in\mathbb{I}}$ durch Summation der Folgenglieder a_i konstruieren. Das Bildungsgesetz lautet daher

$$s_n = \sum_{i=0}^{n} a_i.$$

Bei Variation der oberen Schranke des Summationsindexes n erhalten wir wieder eine Folge $(s_n)_{n\in\mathbb{I}}$. Die Folgenglieder s_n heißen Partialsummen von $(a_i)_{i\in\mathbb{I}}$. Es gilt daher

$$(s_n)_{n\in\mathbb{I}} = \left(\sum_{i=0}^{n} a_i\right)_{n\in\mathbb{I}}$$

Es ist häufig möglich das Bildungsgesetz der Reihe in das Bildungsgesetz einer Folge über die Partialsummen s_n in Form einer Funktion zu überführen, d.h. eine Zuordnungsvorschrift der Form

$$\mathbb{I} \longrightarrow \mathbb{R}$$
$$n \longmapsto s_n$$

zu finden.

Beispiele:

1. **Die Summe der natürlichen Zahlen von 1 bis n:**

$$\sum_{i=1}^{n} i = 1 + 2 + 3 + \ldots + (n-2) + (n-1) + n$$

Unter Ausnutzung des Kommutativgesetzes lassen sich die Summanden der Reihe umordnen und die Reihenfolge der Summation mittels des Assoziativgesetzes in folgender Weise abändern, was bei endlichen Summen immer geht:

$$
\begin{aligned}
\sum_{i=1}^{n} i &= 1 + 2 + 3 + \ldots + (n-2) + (n-1) + n \\
&= \frac{1}{2}\{(1+n) + [2+(n-1)] + \ldots + [(n-1)+2] + (n+1)\} \\
&= \frac{1}{2}\{\underbrace{(n+1) + (n+1) + \ldots + (n+1) + (n+1)}_{n\text{-mal}}\} \\
&= \frac{n(n+1)}{2}
\end{aligned}
$$

2. **Die Summe der ersten n ungeraden Zahlen:**

$$
\begin{aligned}
\sum_{i=1}^{n} (2i-1) &= 1 + 3 + 5 + 7 + \ldots + (2(n-1)-1) + (2n-1) \\
&= \frac{1}{2}\{(1+2n-1) + [3+2(n-1)-1] + \ldots + [2(n-2)-1+3] + \\
&\quad + (2n-1+1)\} \\
&= \frac{1}{2}\{\underbrace{2n + 2n + \ldots + 2n + 2n}_{n\text{-mal}}\} \\
&= n^2
\end{aligned}
$$

3. **Die Summe der ersten n geraden Zahlen:**
   In Analogie zu den ersten beiden Beispielen zeigt man, dass

$$\sum_{i=1}^{n} 2i = n(n+1)$$

ist. Die Herleitung sei dem Leser zur Übung überlassen.

4. Die n. Partialsumme der geometrischen Reihe:

Sei $x \in \mathbb{R}\backslash\{0\}$ und $n \in \mathbb{N}$, dann ist

$$s_n \;=\; \sum_{i=0}^{n} x^i = 1 + x + x^2 + \ldots + x^n \qquad ; \text{subtrahiere } x s_n$$

$$\Rightarrow \; s_n - x s_n \;=\; \sum_{i=0}^{n} x^i - \sum_{i=1}^{n+1} x^i$$

$$\Leftrightarrow \; s_n(1 - x) \;=\; 1 + \sum_{i=1}^{n} (x^i - x^i) - x^{n+1}$$

$$\Leftrightarrow \; s_n \;=\; \frac{1 - x^{n+1}}{1 - x}$$

3.2.1 Wichtige Klassen von Reihen

Auch Reihen werden in arithmetische, geometrische Reihen und Potenzreihen unterteilt. Dabei wird die Klasse der Reihe durch die ihrem Bildungsgesetz zugrundeliegende Folge bestimmt. Ist beispielsweise die Folge $(a_i)_{i \in \mathbb{I}}$ geometrisch, dann ist $s_n = \sum_{i=0}^{n} a_i$ eine geometrische Reihe.

Bemerkung: Geometrische Reihen sind spezielle Potenzreihen, denn die Potenzreihen haben die Form

$$s_n = \sum_{i=0}^{n} a_i \, x^i.$$

Ist $a_i = a \; \forall \, i \in \mathbb{N}$, dann wird die Potenzreihe zur geometrischen Reihe, denn

$$s_n = \sum_{i=0}^{n} a_i \, x^i = \sum_{i=0}^{n} a \, x^i = a \sum_{i=0}^{n} x^i.$$

3.2.2 Unendliche Reihen

Bislang haben wir uns nur endliche Reihen (Summen) s_n betrachtet. Diese Begrenzung wollen wir jetzt beseitigen, indem wir die obere Summationsgrenze n beliebig groß wählen und gegen ∞ streben lassen. Im Zeichen bedeutet das

$$s = \lim_{n \to \infty} s_n = \lim_{n \to \infty} \sum_{i=0}^{n} a_i = \sum_{i=0}^{\infty} a_i$$

Für die Folge der Partialsummen $(s_n)_{n \in \mathbb{N}}$ gelten die selben Sätze und Folgerungen wie in Kapitel 3.1.4.

Beispiele konvergenter Reihen:

1. Wir betrachten die Reihe

$$s = \sum_{i=1}^{\infty} \frac{1}{i(i+1)} = \lim_{n \to \infty} \sum_{i=1}^{n} \frac{1}{i(i+1)}$$

Wie man leicht mit vollständiger Induktion nach n beweist, ist

$$\sum_{i=1}^{n} \frac{1}{i(i+1)} = \frac{n}{n+1}.$$

Es gilt also zu berechnen:

$$\lim_{n\to\infty} \frac{n}{n+1} = \lim_{n\to\infty} \frac{1}{1+\frac{1}{n}} = 1$$

2. **Unendlich geometrische Reihe:**
   Sei $|x| < 1$. Dann gilt

$$\sum_{i=0}^{\infty} x^i = \frac{1}{1-x} \, , \text{ denn}$$

$$\sum_{i=0}^{\infty} x^i = \lim_{n\to\infty} \sum_{i=0}^{n} x^i = \lim_{n\to\infty} \frac{1-x^{n+1}}{1-x}$$

Da x^{n+1} gegen 0 konvergiert, folgt die Behauptung.

Für $x = \frac{1}{2}$ erhalten wir beispielsweise

$$1 + \frac{1}{2} + \frac{1}{4} + \frac{1}{8} + \cdots = \frac{1}{1-\frac{1}{2}} = 2$$

und für $x = -\frac{1}{2}$

$$1 - \frac{1}{2} + \frac{1}{4} - \frac{1}{8} \pm \cdots = \frac{1}{1-(-\frac{1}{2})} = \frac{2}{3}.$$

3. **Die Exponentialreihe**
   Die Exponentialreihe ist neben der geometrischen Reihe die wichtigste in der Analysis. Für jedes $x \in \mathbb{R}$ konvergiert die Exponentialreihe

$$e^x := \sum_{n=0}^{\infty} \frac{x^n}{n!}.$$

Insbesondere definiert man so die Eulersche Zahl e, indem man $x = 1$ setzt. Man erhält dann

$$e := \sum_{n=0}^{\infty} \frac{1}{n!}.$$

4. **b-adische Brüche**
   Sei $b \geq 2$ eine natürliche Zahl. Unter einem *b-adischen* Bruch versteht man eine Reihe der Gestalt

$$\pm \sum_{i=-k}^{\infty} a_i b^{-i}$$

Dabei ist $k \geq 0$ und die a_i natürliche Zahlen mit $0 \leq a_i < b$. Falls b festgelegt ist, kann man den b-adischen Bruch einfach durch Angabe der Ziffern a_i angeben:
$a_{-k}a_{-k+1}\ldots a_{-1}a_0 a_1 a_2 a_3 \ldots$

Satz 3.2.1. *Jeder b-adischer Bruch ist eine Cauchy-Folge, konvergiert also gegen eine relle Zahl.*

Zum Beweis genügt es, einen nicht-negativen b-adischen Bruch $\sum\limits_{n=-k}^{\infty} nb^{-n}$ zu betrachten, zu zeigen, dass

$$s_n := \sum_{i=-k}^{n} a_i b^{-i}$$

eine Cauchy-Folge ist, indem man

$$|s_n - s_m| = \sum_{i=m}^{n} a_i b^{-i}$$

abschätzt. Diese Beweisskizze sollte an dieser Stelle genügen, da ein detailierter Beweis zu weit ginge.

Bemerkung: Wir erhalten so eine Darstellung der irrationalen Zahlen als Grenzwert unendlicher b-adischer Brüche, deren Partialsummen allesamt rational sind.

Die b-adischen Brüche sind insofern auch in der Praxis wichtig, da sie die Struktur und den Aufbau unserer Zahlensysteme darstellen und eine Methode bereitstellen, Zahlen in unterschiedliche Zahlensysteme zu überführen.

So rechneten die Baylonier im hexagesimalen Systen (die Basis $b = 60$) und wir im Dezimalsystem ($b = 10$). Für die Informatik sind das Binärsystem bzw. das dyadische System ($b = 2$), das Oktalsystem ($b = 8$) und insbesondere das Hexadezimalsystem($b = 16$) sehr interessant.

3.2.3 Konvergenzkriterien für Reihen

Mit den in Kapitel 3.1.4 aufgestellten Sätzen über Konvergenz ist es bereits möglich, Reihen auf ihr Konvergenzverhalten hin zu untersuchen. Dafür wäre es aber nötig, zunächst eine Funktionsvorschrift $n \longmapsto s_n$ für die Partialsummen zu finden, bevor man die Reihe $\sum_i a_i$ auf Konvergenz untersuchen kann. Dies ist allerdings nicht nötig, denn es gibt Kriterien, für die Folge $(a_i)_{i \in \mathbb{N}}$, anhand derer man auf die Konvergenz von $(s_n)_{n \in \mathbb{N}}$ schließen kann.

1. **Allgemeines Cauchy'sches Konvergenzkriterium**

   Sei $(a_i)_{i \in \mathbb{N}}$ eine Folge reeller Zahlen. Die Reihe $\sum\limits_{i=0}^{\infty} a_i$ konvergiert genau dann, wenn gilt:
   Zu jedem $\epsilon > 0$ existiert ein $N \in \mathbb{N}$, so dass für alle $j, k \geq N$

   $$\left| \sum_{i=j}^{k} a_i \right| < \epsilon$$

Dies ist nichts anderes als eine etwas andere Formulierung der Definition der Cauchy-Folge. Sei $s_p := \sum\limits_{i=0}^{p} a_i$ die p-te Partialsumme, dann ist

$$s_k - s_j = \sum_{i=0}^{k} a_i - \sum_{i=0}^{j} a_i = \sum_{i=j+1}^{k} a_i.$$

Damit folgt sofort die Konvergenz.

2. **Leibnizsches Konvergenzkriterium für alternierende Reihen**
Sei $(a_i)_{i \in \mathbb{N}}$ eine monoton fallende Folge nicht-negativer Zahlen mit $\lim\limits_{i \to \infty} a_i = 0$. Dann konvergiert die Reihe

$$\sum_{i=0}^{\infty} (-1)^i a_i.$$

Beispiele:

(a) Die alternierende harmonische Reihe $\sum\limits_{i=1}^{\infty} \frac{(-1)^{i-1}}{i}$ konvergiert nach dem Leibnizschen Kriterium.

$$1 - \frac{1}{2} + \frac{1}{3} - \frac{1}{4} \pm \ldots = \ln 2$$

(b) Die Reihe $\sum\limits_{i=0}^{\infty} \frac{(-1)^i}{2i+1}$ konvergiert ebenfalls. Bereits von Leibniz wurde gezeigt, dass

$$1 - \frac{1}{3} + \frac{1}{5} - \frac{1}{7} + \frac{1}{9} \mp \ldots = \frac{\pi}{4}.$$

3.2.4 Anwendungen

Der Umfang eines Kreises

Im folgenden wollen wir die Formel zur Berechnung des Kreisumfangs herleiten. Dabei wollen wir zunächst den Kreis mittels eines gleichseitigen n-Ecks approximieren. Wir erhöhen dann die Anzahl der Ecken, bis wir als Grenzwert einen Kreis erhalten. Diese Herleitung dient gleichwohl als Beweis, dass ein Kreis als n-Eck mit unendlich vielen Ecken aufgefasst werden kann.

Skizze:

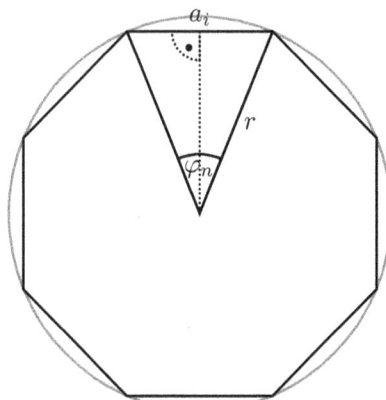

Bei einem gleichschenkeligen Dreieck gilt
$$\alpha = \beta \implies \pi = 2\alpha + \varphi_n \iff \alpha = \frac{\pi - \varphi_n}{2}.$$

Wir unterteilen das gleichschenkelige Dreieck in zwei rechtwinkelige Unterdreiecke derart, dass $\varphi_n = \phi_n + \vartheta_n$. Dann gilt
$$\pi = \phi_n + \frac{\pi - \varphi_n}{2} + \frac{\pi}{2} \iff \pi = \phi_n - \frac{\varphi_n}{2} + \pi$$
$$\iff 0 = \phi_n - \frac{\varphi_n}{2} \iff \phi_n = \frac{\varphi_n}{2}$$

Seien $a_1, a_2, \ldots, a_i, \ldots, a_n$ die Seiten eines n-Ecks. Der Umfang ist dann gegeben durch

$$U_n = \sum_{i=1}^{n} a_i.$$

Bei einem gleichseitigen n-Eck sind die Seiten alle gleich lang, das heißt, es gilt:

$$a_1 = a_2 = \ldots = a_i = \ldots = a_n \implies U_n = n \cdot a_n \tag{3.1}$$

Das n-Eck sei jetzt so gewählt, dass die Eckpunkte genau auf dem Kreis liegen. Betrachten wir nun das Dreieck eines Polygonsegments a_i (siehe Skizze). Es ist leicht einzusehen, dass gilt

$$a_i = 2r \sin\left(\frac{\varphi_n}{2}\right)$$

Dabei deutet der Index n die Abhängigkeit des Winkels φ von n an. Für φ_n gilt

$$\varphi_n = \frac{2i\pi - 2(i-1)\pi}{n} = \frac{2\pi}{n}$$

Setzen wir dies in Gleichung 3.1 ein, dann erhalten wir

$$U_n = 2rn \sin\left(\frac{\pi}{n}\right). \tag{3.2}$$

Nun lässt sich der Sinus, wie folgt, durch eine Potenzreihe, der s.g. Maclaurin-Reihe des Sinus, ausdrücken:

$$\sin \phi = \sum_{i=0}^{\infty} \frac{(-1)^i \phi^{2i+1}}{(2i+1)!}$$

Setzen wir dies nun in Gleichung 3.2 ein, so erhalten wir

$$\begin{aligned}
U_n &= 2rn \sum_{i=0}^{\infty} \frac{(-1)^i \left(\frac{\pi}{n}\right)^{2i+1}}{(2i+1)!} \\
&= 2r \sum_{i=0}^{\infty} \frac{(-1)^i \pi^{2i+1}}{(2i+1)! n^{2i}}
\end{aligned}$$

Den Umfang des Kreises U erhalten wir jetzt, wenn wir die Anzahl n der Ecken gegen ∞ streben lassen.

$$\begin{aligned}
U &= \lim_{n \to \infty} U_n \\
&= 2r \lim_{n \to \infty} \sum_{i=0}^{\infty} \frac{(-1)^i \pi^{2i+1}}{(2i+1)! n^{2i}} \\
&= 2r \sum_{i=0}^{\infty} \lim_{n \to \infty} \frac{(-1)^i \pi^{2i+1}}{(2i+1)! n^{2i}}
\end{aligned}$$

Offensichtlich verschwinden alle Summanden mit $i > 0$ und es gilt

$$U = 2\pi r.$$

Bemerkung 1: Diese Herleitung der Formel zur Berechnung des Umfangs eines Kreises kann allenfalls als Beweis dafür angesehen werden, dass man einen Kreis als Grenzwert eines gleichseitigen n-Ecks mit $n \to \infty$ erhält, da die Umfangsformel implizit bei der Bestimmung von φ_n eingeflossen ist (Bogenmaß eines Winkels).

Bemerkung 2: Gleichung 3.2 und der Quotient $\frac{U}{2r}$ liefern uns eine Darstellung der Kreiszahl π als Grenzwert der Folge $(\pi_n)_{n \in \mathbb{N}} = n \sin\left(\frac{180°}{n}\right)$. Es gilt also

$$\pi = \lim_{n \to \infty} n \sin\left(\frac{180°}{n}\right).$$

Schwachstelle bei Dezimaldarstellung?

Einerseits ist vollkommen klar, dass $3 \cdot \frac{1}{3} = 1$. Andererseits gilt $\frac{1}{3} = 0,\bar{3}$. Damit ist $3 \cdot 0,\bar{3} = 0,\bar{9}$. Ist das ein Widerspruch?

Behauptung: Nein.

Beweis:

Zu zeigen ist $0,\bar{9} = 1$
Wir wählen die Darstellung von $0,\bar{9}$ mittels eines b-adischen Bruchs. Dann gilt:

$$
\begin{aligned}
0,\bar{9} &= \sum_{i=-\infty}^{-1} 9 \cdot 10^i = 9 \sum_{i=1}^{\infty} 10^{-i} \\
&= \frac{9}{10} \sum_{i=0}^{\infty} \left(\frac{1}{10} \right)^i \quad \text{(unendlich-geometrische Reihe)} \\
\Rightarrow 0,\bar{9} &= \frac{9}{10} \cdot \frac{1}{1 - \frac{1}{10}} = \frac{9}{10} \cdot \frac{1}{\frac{9}{10}} = 1 \quad \text{q.e.d.}
\end{aligned}
$$

3.3 Funktionen

Eine Funktion drückt die Abhängigkeit einer Größe von einer anderen aus. Traditionell werden Funktionen als Regel oder Vorschrift definiert, die eine Eingangsgröße (das Argument der Funktion) auf eine Ausgangsgröße (den Funktionswert) abbildet.
Häufig werden auch die Begriffe Abbildung und Operator für Funktionen verwendet.

Nachfolgend wird eine formale Definition einer Funktion gegeben:

Definition 3.3.1 (Funktion). *Eine Funktion f ist eine Abbildung $X \longrightarrow Y$ mit folgender Eigenschaft: Zu jedem $x \in X$ gibt es genau ein $y \in Y$, so dass $y = f(x)$ ist.*

Mengentheoretisch ist eine Funktion eine linkstotale und rechtseindeutige Relation. Das heißt, eine Funktion von der Menge X in die Menge Y ist eine Menge f, die die folgenden Eigenschaften hat:

1. f ist eine Teilmenge von $X \times Y$, also eine Menge von Paaren (x, y), wobei $x \in X$ und $y \in Y$ ist.

2. zu jedem $x \in X$ gibt es genau ein $y \in Y$, so dass das Paar (x, y) Element von f ist.

Dabei bedeutet *rechtseindeutig*, dass kein $x \in X$ auf mehr als ein $y \in Y$ abbildet. *Linkstotal* heißt dagegen, jedes $x \in X$ bildet auf mindestens ein $y \in Y$ ab.

Definition 3.3.2 (Funktionsgraph). *Unter einem Funktionsgraphen Γ_f von f versteht man die Menge aller Zweitupel (x, y) mit $y = f(x)$, d.h.*

$$
\Gamma_f := \{ (x, y) \in X \times Y \mid x \in X \wedge y \in Y \mid y = f(x) \} \subseteq X \times Y
$$

In den meisten Fällen lässt sich eine Zuordnungsvorschrift für Funktionen angeben. Diese heißen dann *Funktionsgleichung*

Es gibt zwei Darstellungsweisen für Funktionen:

algebraisch	mengentheoretisch
$f\colon X \longrightarrow Y$	$f \subseteq X \times Y$
$x \longmapsto f(x)$	$(x,y) \in f$

Funktionen kann man als Verallgemeinerung von Folgen ansehen, da hier die Beschränkung der Definitionsmenge auf $\mathbb{N}$ oder $\mathbb{Z}$ aufgehoben wird. Oder andersherum: Folgen sind spezielle Funktionen der Gestalt, dass $\mathbb{N} \longrightarrow \mathbb{R}$.

Beispiele:

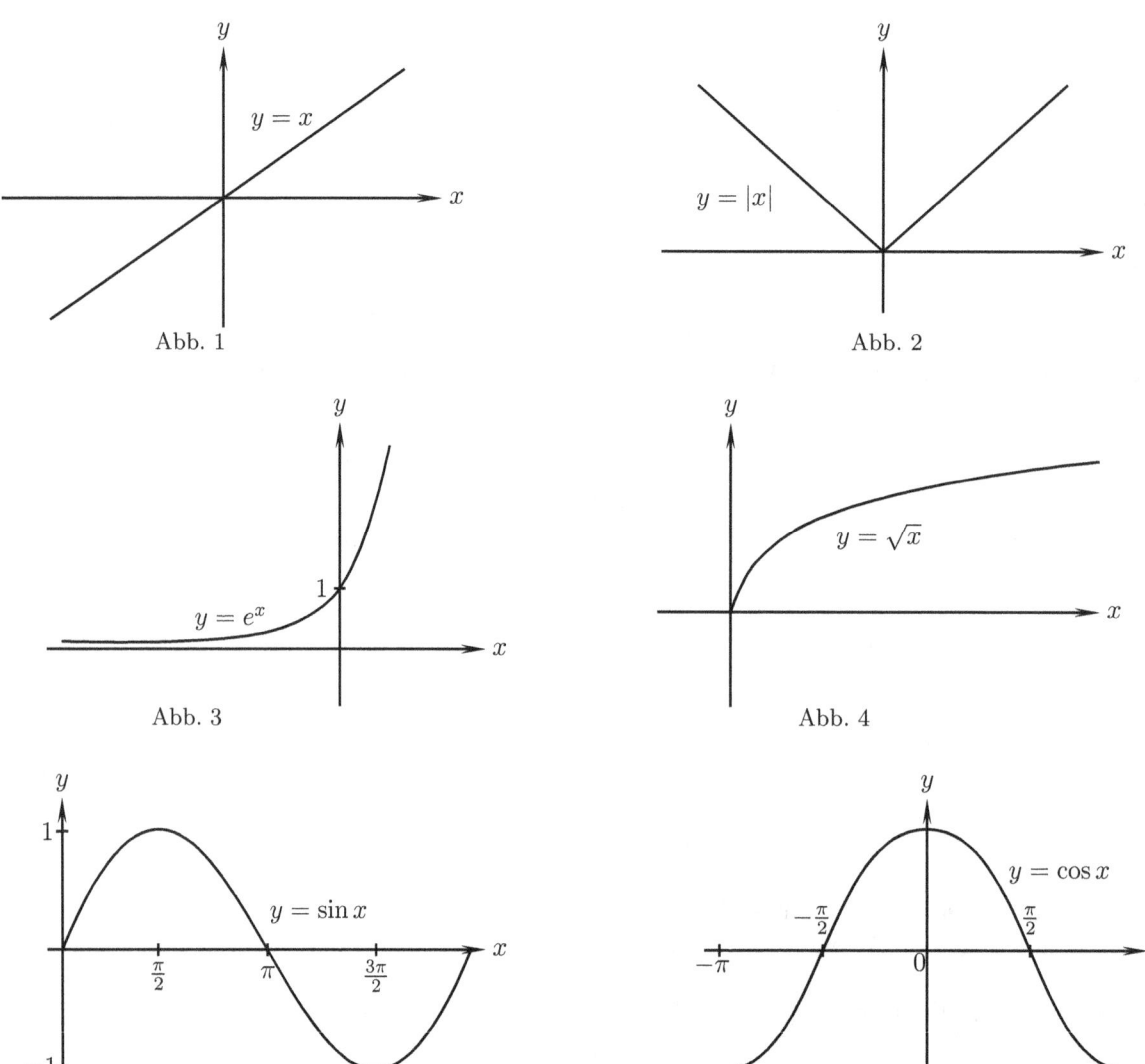

Abb. 1

Abb. 2

Abb. 3

Abb. 4

Abb. 5

Abb. 6

- Die identische Abbildung (Abb. 1):

$$\mathrm{id}_\mathbb{R} : \mathbb{R} \longrightarrow \mathbb{R}$$
$$x \longmapsto x$$

- Der Absolutbetrag (Abb. 2):

$$| \, | : \mathbb{R} \longrightarrow \mathbb{R}_+$$
$$x \longmapsto |x|$$

- Exponentialfunktion (Abb. 3):

$$\exp : \mathbb{R} \longrightarrow \mathbb{R}_+$$
$$x \longmapsto e^x$$

- Wurzelfunktion (Abb. 4):

$$\sqrt{} : \mathbb{R}_+ \longrightarrow \mathbb{R}_+$$
$$x \longmapsto \sqrt{x}$$

- Sinus-Funktion (Abb. 5):

$$\sin : \mathbb{R} \supset [0, 2\pi] \longrightarrow [-1, 1] \subset \mathbb{R}$$
$$x \longmapsto \sin x$$

- Kosinusfunktion (Abb. 5):

$$\cos : \mathbb{R} \supset [-\pi, \pi] \longrightarrow [-1, 1] \subset \mathbb{R}$$
$$x \longmapsto \cos x$$

- Polynomfunktionen:
  Seien $a_0, a_1, \ldots, a_n \in \mathbb{R}$. Eine Polynomfunktion ist dann von folgender Gestalt:

$$p : \mathbb{R} \longrightarrow \mathbb{R}$$
$$x \longmapsto a_n x^n + a_{n-1} x^{n-1} + \ldots + a_1 x + a_0$$

- Rationale Funktionen:
  Seien

$$p(x) = a_n x^n + a_{n-1} x^{n-1} + \ldots + a_1 x + a_0,$$
$$q(x) = b_m x^m + b_{m-1} x^{m-1} + \ldots + b_1 x + b_0$$

Polynome und $D_r := \{x \in \mathbb{R} \,|\, q(x) \neq 0\}$, dann ist die rationale Funktion $r = \frac{p}{q}$ definiert durch

$$r : D_r \longrightarrow \mathbb{R}$$
$$x \longmapsto r(x) := \frac{p(x)}{q(x)}.$$

Polynomfunktionen sind spezielle rationale Funktionen, denn man erhält sie, wenn man $q(x) = c$ mit $c \in \mathbb{R} \backslash \{0\}$ setzt.

3.3.1   Stetigkeit

In diesem Kapitel wollen wir den Grenzwertbegriff auf Funktionen erweitern und kommen dann zum wichtigen Begriff der Stetigkeit.

Definition 3.3.3 (Grenzwert bei Funktionen). *Sei $f : D_f \longrightarrow \mathbb{R}$ eine Funktion auf $D_f \subset \mathbb{R}$ und $a \in \mathbb{R}$ derart, dass es mindestens eine Folge $(a_n)_{n \in \mathbb{N}}$ gibt mit $a_n \in \mathbb{R} \, \forall \, n \in \mathbb{N}$ mit $\lim\limits_{n \to \infty} a_n = a$. Man schreibt*

$$\lim_{x \to a} f(x) = c,$$

falls für jede Folge $(x_n)_{n \in \mathbb{N}}$, $x_n \in D_f$ mit $\lim\limits_{n \to \infty} x_n = a$ gilt:

$$\lim_{n \to \infty} f(x_n) = c.$$

Dabei kann man sich dem Grenzwert von oben oder auch von unten annähern. Dafür schreibt man intuitiv $\lim\limits_{x \searrow a} f(x) = c$ bzw. $\lim\limits_{x \nearrow a} f(x) = c$. Dabei bedeutet ersteres, dass für jede monoton fallende Folge $(x_n)_{n \in \mathbb{N}}$ mit $\lim\limits_{n \to \infty} = a$ gilt:

$$\lim_{n \to \infty} f(x_n) = c.$$

Letzteres bedeutet, dass für jede monoton wachsende Folge $(x_n)_{n \in \mathbb{N}}$ mit $\lim\limits_{n \to \infty} x_n = a$ gilt:

$$\lim_{n \to \infty} f(x_n) = c.$$

$\lim\limits_{x \to \infty} f(x) = c$ bedeutet, für jede Folge $(x_n)_{n \in \mathbb{N}}$ mit $\lim\limits_{n \to \infty} x_n = \infty$ gilt:

$$\lim_{n \to \infty} f(x_n) = c.$$

$\lim\limits_{x \to -\infty} f(x) = c$ ist analog definiert.

Beispiele

- Exponentialfunktion: $\lim\limits_{x \to 0} e^x = 1$, denn es gilt

$$|e^x - 1| \leq 2|x| \ \forall \, |x| \leq 1.$$

  Sei nun $(x_n)_{n \in \mathbb{N}}$ eine beliebige Folge mit $\lim\limits_{n \to \infty} x_n = 0$, dann gilt

$$|e^{x_n} - 1| \leq 2|x_n| \text{ für alle } x \geq n_0.$$

  Daraus folgt $\lim\limits_{n \to \infty} |e^{x_n} - 1| = 0$ und somit

$$\lim_{n \to \infty} e^{x_n} = 1.$$

- Hyperbelfunktion: $\lim\limits_{x \to 0} \frac{1}{x}$ existiert nicht, denn

$$\lim_{x \searrow 0} \frac{1}{x} = \infty \quad \text{und} \quad \lim_{x \nearrow 0} \frac{1}{x} = -\infty.$$

- Die Betragsfunktion: $\lim\limits_{x \to 0} |x| = 0$, denn

$$\lim_{x \searrow 0} |x| = \lim_{x \searrow 0} x = 0 \text{ und}$$

$$\lim_{x \nearrow 0} |x| = \lim_{x \nearrow 0} (-x) = -\lim_{x \nearrow 0} x = 0.$$

Jetzt sind wir soweit, um den äußerst wichtigen Begriff der Stetigkeit zu formulieren.

Definition 3.3.4 (Stetigkeit). *Sei* $f : D_f \longrightarrow \mathbb{R}$ *eine Funktion und* $a \in D_f$. *f heißt stetig im Punkt a, falls*

$$\lim_{x \to a} f(x) = f(a).$$

f heißt stetig in D_f, falls f in jedem Punkt von D_f stetig ist.

Anschaulich bedeutet das, der Funktionsgraf Γ_f einer stetigen Funktion f ist zusammenhängend. D.h. er weist keine Lücken, keine Stufen und Sprünge auf. So sind die Funktionen $\mathrm{id}_{\mathbb{R}}$, $|x|$, $\sqrt{x}$, e^x und die Polynomfunktionen $p(x)$ stetig. Auch jede rationale Funktion ist in ihrem Definitionsbereich stetig. Nicht stetig sind beispielsweise Hyperbelfunktionen, viele rationale Punktionen $r(x)$, bei denen kein spezieller Definitionsbereich angegeben ist, und natürlich die Heaviside-Funktion $\Theta(x)$, die folgendermaßen definiert ist:

$$\Theta : \mathbb{R} \longrightarrow \{0, 1\}$$
$$x \longmapsto \Theta(x) \quad \text{mit}$$

$$\Theta(x) := \begin{cases} 0 & \text{für } x \leq 0 \\ 1 & \text{für } x > 0. \end{cases}$$

Satz 3.3.1 (Zwischenwertsatz). *Sei* $[a, b] \subset \mathbb{R}$ *und* $f : [a, b] \longrightarrow \mathbb{R}$ *eine steige Funktion mit* $f(a) < 0$ *und* $f(b) > 0$. *Dann gibt es ein* $p \in [a, b]$ *mit* $f(p) = 0$.

Anschaulich ist dieser Satz vollkommen klar, siehe Abb. 7. Allerdings ist er nicht mehr richtig, wenn man innerhalb der rationalen Zahlen arbeitet.
Sei etwa $D_f := \{x \in \mathbb{Q} : 1 \leq x \leq 2\}$ und $f(x) = x^2 - 2$. Dann ist $f(1) = -1$ und $f(2) = 2$. Aber es gibt kein $p \in D_f$ mit $f(p) = 0$, denn $\sqrt{2} \notin D_f$.

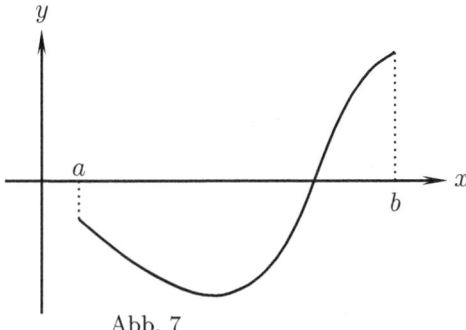

Abb. 7

3.3.2 Symmetrie

Mit dem geometrischen Begriff Symmetrie (von griechisch syn (=zusammen) und metron (=Maß)) bezeichnet man die Eigenschaft, dass ein geometrisches Objekt durch bestimmte Umwandlungen auf sich selbst abgebildet werden kann, also unverändert erscheint. Eine Umwandlung, die ein Objekt auf sich selber abbildet, heißt Symmetrieoperation. Zwei verschiedene geometrische Objekte können zueinander symmetrisch sein, nämlich dann, wenn eine Symmetrieoperation existiert, die das eine Objekt in das andere überführt. In zwei Dimensionen treten folgende Formen von Symmetrie auf: Achsensymmetrie, Punktsymmetrie und die Rotationssymmetrie. Im folgenden wollen wir uns die erstgenannten Symmetrieformen bei Funktionsgraphen näher betrachten.

Achsensymmetrie

Die Achsensymmetrie oder axiale Symmetrie ist eine Form der Symmetrie, die bei Dingen auftritt, die entlang einer Symmetrieachse gespiegelt sind.

Sei nun $f : \mathbb{R} \longrightarrow \mathbb{R}$ eine achsensymmetrische Funktion mit der Symmetrieachse $x = a$. Dann gilt

$$f(2\,a - x) = f(x).$$

Skizze:

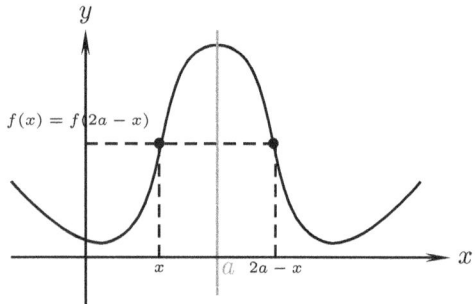

Abb. 8: Achsensymmetrie

Beispiele:

1. Die Funktion $f(x) = x^2 + 1$ ist symmetrisch bzgl. der y-Achse, denn

$$f(-x) = (-x)^2 + 1 = x^2 + 1 = f(x).$$

2. Die Funktion $f(x) = x^2 - 4\,x + 3$ ist bzgl. der Geraden $x = 2$ symmetrisch, denn

$$
\begin{aligned}
f(2\,a - x) = f(4 - x) &= (4 - x)^2 - 4(4 - x) + 3 \\
&= 16 - 8\,x + x^2 - 16 + 4\,x + 3 \\
&= x^2 - 4\,x + 3 = f(x).
\end{aligned}
$$

Punktsymmetrie

Die Punktsymmetrie ist eine Eigenschaft geometrischer Objekte. Ein geometrisches Objekt (z.B. ein Viereck) heißt (in sich) punktsymmetrisch, wenn es eine Punktspiegelung gibt, die dieses Objekt auf sich abbildet. Gelegentlich spricht man auch von einer zentralen Symmetrie. Obwohl eine solche Spiegelung einer Drehung um 180° entspricht, ist die Punktsymmetrie von der Rotationssymmetrie zu unterscheiden. Sie bildet lediglich den Spezialfall einer Rotationssymmetrie.

Sei nun $f : \mathbb{R} \longrightarrow \mathbb{R}$ eine punktsymmetrische Funktion mit dem Symmetriepunkt $S(a|b) \in \mathbb{R} \times \mathbb{R}$. Dann gilt

$$2\,b - f(2\,a - x) = f(x).$$

Skizze:

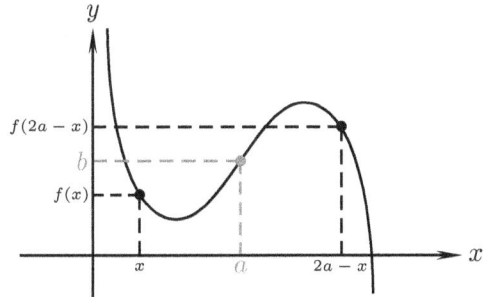

Abb. 9: Punktsymmetrie

Beispiel:

Die Funktion $f(x) = x^3 + 3\,x^2 + 3\,x + 5$ ist bzgl. des Punktes $S(-1|4)$ symmetrisch, denn

$$
\begin{aligned}
2\,b - f(2\,a - x) = 8 - f(-2 - x) \ &= \ 8 - (-2 - x)^3 - 3(-2 - x)^2 - 3(-2 - x) - 5 \\
&= \ 3 + 8 + 12\,x + 6\,x^2 + x^3 - 12 - 12\,x - 3\,x^2 + 6 + 3\,x \\
&= \ 5 + 3\,x + 3\,x^2 + x^3 = f(x).
\end{aligned}
$$

Übungen

1. Gegeben sei eine Funktion $f : \mathbb{R} \longrightarrow \mathbb{R}$ mit

$$
f(x) = \begin{cases} \sqrt{x} & \text{für } x \geq 0 \\ -\sqrt{|x|} & \text{für } x < 0 \end{cases}
$$

   (a) Zeichnen Sie den Graf Γ_f der Funktion f.

   (b) Bestimmen Sie die Art der Symmetrie und weisen Sie sie nach.

2. Gegeben sei die Funktion $f : \mathbb{R} \longrightarrow \mathbb{R}$ mit

$$f(x) = ax^2 + b\,x + c.$$

   Die Funktion ist ein Polynom 2. Grades. Offensichtlich ist sie daher achsensymmetrisch.

   (a) Bestimmen Sie die Symmetrieachse von f. Bestimmen Sie hierzu zunächst den Scheitelpunkt, indem Sie die Funktionsgleichung in die Scheitelpunktform bringen.

   (b) Weisen Sie die Achsensymmetrie von f nach.

3.3.3 Funktionenscharen

Definition 3.3.5. *Sei $k \in \mathbb{R}$ beliebig und seien f_k Funktionen, die sich in k unterscheiden. Dann heißt die Menge $\mathcal{F}_k := \{f_k : \mathbb{R} \to \mathbb{R} \mid k \in \mathbb{R}\}$ aller Funktionen, die sich nur in k unterscheiden,* Funktionenschar *und k* Parameter *von f_k.*

Definition 3.3.6. *Die Menge $\Gamma_{f_k} := \{(x, y) \in \mathbb{R} \times \mathbb{R} \mid y = f_k(x)\}$ aller Punkte $P\big(x \mid f_k(x)\big)$ bezeichne den Funktionsgrafen von f_k. Die Menge $\Gamma_{\mathcal{F}_k} := \{\Gamma_{f_k} \mid k \in \mathbb{R}\}$ aller Funtionsgrafen Γ_{f_k} heißt dann* Kurvenschar.

Bemerkung. Wenn klar ist, was gemeint ist, schreibt man einfach f_k für $\mathcal{F}_k$.

Beispiele von Kurvenscharen:

- Alle Kurven der zur Funktionenschar $f_k(x) = k$ gehörigen Kurvenschar verlaufen parallel zur Abszisse.

- Die Kurven der Funktionenschar $f_k(x) = (x-k)^2 + k$ sind Parabeln, deren Scheitelpunkte auf der Geraden $g(x) = x$ liegen (siehe Abbildung 2).

- Alle Kurven der Funktionenschar $f_k(x) = e^{kx}$ schneiden sich im Punkt $S(0|1)$ (siehe Abbildung 1).

- Alle Kurven der zur Relation $x^2 + y^2 = r^2$ gehörigen Schar sind konzentrische Kreise um den Koordinatenursprung. Ihr Parameter ist r.

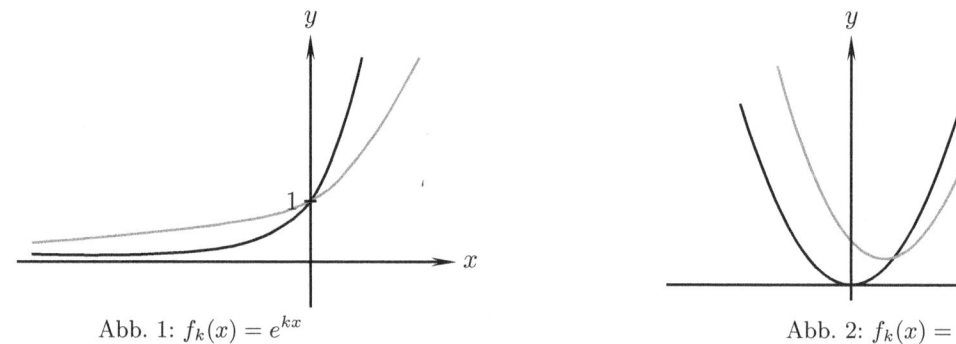

Abb. 1: $f_k(x) = e^{kx}$ Abb. 2: $f_k(x) = (x-k)^2 + k$

Weitere Bezeichnungen:

- Handelt es sich bei allen Funktionsgrafen der Funktionenschar um Geraden, dann spricht man von einer *Geradenschar*.

  - Schneiden sich alle beteiligten Geraden dabei in einem Punkt, dann handelt es sich um ein *Geradenbüschel*.

  - Verlaufen die einzelnen Geraden parallel, dann bezeichnet man sie als *Parallelenschar*.

- Handelt es sich bei allen Kurven der Schar um Parabeln, dann spricht man von einer *Parabelschar*.

3.4 Rationale Funktionen

3.4.1 Polynome und Polynomfunktionen

Polynome

Sei $\mathbb{K}$ ein Körper. Unter ein **Polynom** mit Koeffizienten aus $\mathbb{K}$ versteht man einen *formalen Ausdruck*

$$P(t) = a_0 + a_1 t + \ldots + a_n t^n = \sum_{\nu=0}^{n} a_\nu t^\nu,$$

wobei $a_n, \ldots, a_n$ Elemente aus $\mathbb{K}$ sind und t eine *Unbestimmte* ist. Meist schreibt man nur P anstelle von $P(t)$.

Die Summanden $a_\nu t^\nu$ von P werden als *Monome* bezeichnet.

Der *Grad* von P ist definiert durch

$$\deg P := \begin{cases} -\infty & \text{, falls } a_0 = a_1 = \ldots = a_n = 0 \\ \max\{\nu \in \mathbb{N} : a_\nu \neq 0\} & \text{sonst.} \end{cases}$$

Die übliche Schreibweise $\deg P$ für den Grad des Polynoms P ist vom englischen Begriff *degree* abgeleitet.

Ein Polynon $P = \sum_k a_k t^k$ heißt *Nullpolynom*, wenn $a_k = 0 \ \forall k \in \mathbb{N}$. Ein Polynom $P = a_0 + a_1 t + \ldots + a_n t^n$ heißt *normiert*, wenn $a_n = 1$ ist. a_n heißt *Leitkoeffizient*.

Der Koeffizient a_0 heißt *Absolutglied*. $a_1 t$ wird als *lineares Glied* bezeichnet, $a_2 t^2$ als *quadratisches Glied* und $a_3 t^3$ als *kubisches*.

Mit $\mathbb{K}[t]$ bezeichnen wir die Menge aller Polynome mit Koeffizienten aus $\mathbb{K}$.

Seien nun $P = \sum_{\mu=0}^{n} a_\mu t^\mu \in \mathbb{K}[t]$ und $Q = \sum_{\nu=0}^{m} b_\nu t^\nu \in \mathbb{K}[t]$ gegeben, dann definieren wir wie folgt

- **die Addition:**
  Ist o.B.d.A. $m \leq n$, dann setzen wir $b_{m+1} = \ldots = b_n = 0$ und

$$P + Q := \sum_{\mu=0}^{n} (a_\mu + b_\mu) t^\mu$$

  Offensichtlich ist $\deg(P + Q) \leq \max\{\deg P, \deg Q\}$.

- **Multiplikation mit einer Konstanten:**
  Sei $\lambda \in \mathbb{K}$. Dann setzen wir

$$\lambda \cdot P := \sum_{\mu=0}^{n} (\lambda \cdot a_\mu) t^\mu$$

- **das Produkt $P \cdot Q$:**

$$P \cdot Q \; := \; \left(\sum_{\mu=0}^{n} a_\mu t^\mu \right) \left(\sum_{\nu=0}^{m} a_\nu t^\nu \right)$$

$$= \; \sum_{\mu=0}^{n} \sum_{\nu=0}^{m} a_\mu b_\nu t^{\mu+\nu}$$

$$= \; \sum_{\kappa=0}^{n+m} \left(\sum_{\mu+\nu=\kappa} a_\mu b_\nu \right) t^\kappa.$$

Bemerkung. *Seien $P, Q, R \in \mathbb{K}[t]$ Polynome. Dann gilt*

1. $P \cdot Q = Q \cdot P$
2. $(P \cdot Q) \cdot R = P \cdot (Q \cdot R)$
3. $P \cdot (Q + R) = P \cdot Q + P \cdot R.$

Der einfache Beweis sei dem Leser zur Übung überlassen.

- **Division mit Rest (Polynomdivision):**
  Im Gegensatz zu Elementen aus $\mathbb{K}$ kann man im Allgemeinen Polynome nicht dividieren. Es gibt lediglich eine sogenannte *Division mit Rest* oder *Polynomdivision*.

Satz 3.4.1. *Zu $P, Q \in \mathbb{K}[t]$ gibt es eindeutig bestimmte Polynome $q, r \in \mathbb{K}[t]$, so dass gilt*

a) $P = q \cdot Q + r$

b) $\deg r < \deg Q.$

Man kann die Beziehung aus a) auch in der nicht ohne weiteres erlaubten, aber sehr suggestiven Form

$$\frac{P}{Q} = q + \frac{r}{Q}$$

schreiben.

Den Beweis des Satzes wollen wir an dieser Stelle aussparen, da er zu weitführend für diese Lektüre wäre.

Die praktische Durchführung der Polynomdivision geschieht nach dem aus der Schule bekannten Verfahren des *schriftlichen Dividierens* von reellen Zahlen.

Beispiel:
Sei $\mathbb{K} = \mathbb{R}$, $P := 3t^3 + 2t + 1$ und $Q = t^2 - 4t$.
Die Rechnung verläuft nach folgendem Schema:

$$
\begin{array}{l}
(3t^3 \qquad\quad + 2t + 1) : (t^2 - 4t) \; = \; 3t + 12 + (50t + 1) : (t^2 - 4t) \\[2pt]
\underline{-3t^3 + 12t^2} \\[2pt]
\qquad\quad 12t^2 + 2t \\[2pt]
\qquad\quad \underline{-12t^2 + 48t} \\[2pt]
\qquad\qquad\quad 50t + 1
\end{array}
$$

Es ist also $q = 3t + 12$ und $r = 50t + 1$.

Polynomabbildungen

Im Fall $\mathbb{K} = \mathbb{R}$ kann man ein Polynom anstatt als *formalen Ausdruck* auch als eine spezielle Abbildung von $\mathbb{R}$ nach $\mathbb{R}$ erklären. Bei beliebigen Körpern muss man da etwas vorsichtiger sein.

Sei nun mit Abb($\mathbb{K}, \mathbb{K}$) die Menge aller Abbildungen von $\mathbb{K}$ nach $\mathbb{K}$ bezeichnet. Ist

$$P = \sum_{k=0}^{n} a_k \, t^k \in \mathbb{K}[t]$$

gegeben, so erhält man durch Einsetzen von Elementen aus $\mathbb{K}$ für die Unbestimmte t eine Abbildung

$$\widetilde{P} : \mathbb{K} \longrightarrow \mathbb{K}$$
$$\lambda \longmapsto \widetilde{P}(\lambda) = \sum_{k=0}^{n} a_k \, \lambda^k.$$

Man beachte, dass $\widetilde{P}(\lambda)$ kein Polynom mehr ist, sondern ein spezielles Element von $\mathbb{K}$. Auf diese Weise erhält man eine Abbildung

$$\mathbb{K}[t] \longrightarrow \text{Abb}(\mathbb{K}, \mathbb{K})$$
$$P \longmapsto \widetilde{P}.$$

Definition 3.4.1. *Ein $f \in$ Abb($\mathbb{K}, \mathbb{K}$) heißt* Polynomabbildung, *wenn es ein $P \in \mathbb{K}[t]$ gibt mit $\widetilde{P} = f$. $\widetilde{P}$ heißt die zu P gehörige Polynomabbildung.*

Diese begriffliche Unterscheidung ist leider für allgemeine Körper nötig, denn bei einigen Körpern können recht seltsame Dinge geschehen. Dies soll mit folgendem Beispiel illustriert werden:

Beispiel:

Wir versehen die Menge $K = \{0, 1\}$ mit den Operatoren $+$ und $\cdot$, die wie folgt definiert sind:

$+$	0	1
0	0	1
1	1	0

$\cdot$	0	1
0	0	0
1	0	1

Der Leser möge sich überzeugen, dass $(K, +, \cdot)$ tatsächlich ein Körper ist.
Nun betrachten wir das Polynom $P = t^2 + t$ und erhalten

$$\widetilde{P}(0) = 0 \quad \text{und} \quad \widetilde{P}(1) = 0.$$

$\widetilde{P} = 0 \; \forall \lambda \in K$, obwohl P nicht das Nullpolynom ist.
Bei „vernünftigen" Körpern ($|K| = \infty$) geschieht dies allerdings nicht. Daher können wir es uns leisten, trotzdem in der Notation nicht so pedantisch zu sein und werden meist $P(\lambda)$ statt $\widetilde{P}(\lambda)$ schreiben.

Die $f = \widetilde{P}$ bezeichnet man auch als *Polynomfunktionen*.

Polynomfunktionen des Grades

- 0 werden konstante Funktionen genannt ($f(x) = a_0$).

- 1 werden lineare Funktionen genannt ($f(x) = a_1 x + a_0$).

- 2 werden quadratische Funktionen genannt ($f(x) = a_2 x^2 - a_1 x + a_0$).

- 3 werden kubische Funktionen genannt ($f(x) = a_3 x^3 - a_2 x^2 + a_1 x - a_0$).

Nullstellen

Definition 3.4.2. *Ist* $P = \sum\limits_{k=0}^{n} a_k t^k \in \mathbb{K}[t]$ *und* $\lambda \in \mathbb{K}$, *dann ist* λ *eine* Nullstelle *(oder* Wurzel) *von* P, *wenn*

$$\sum_{k=0}^{n} a_k \lambda^k = 0$$

ist, d.h. die Polynomfunktion $\widetilde{P}$ *an der Stelle* λ *den Wert 0 hat.*

Es ist ein fundamentales Problem der Algebra, wie man die Nullstellen von Polynomen finden kann. Wenn man allerdings eine Nullstelle gefunden hat, kann man die Restlichen als Nullstellen eines Polynoms kleineren Grades finden. Dies soll im Folgendem näher erläutert werden:

Lemma. *Ist* $\lambda \in \mathbb{K}$ *eine Nullstelle von* $P \in \mathbb{K}[t]$, *dann gibt es ein eindeutig bestimmtes* $Q \in \mathbb{K}[t]$ *mit folgenden Eigenschaften:*

 a) $P = (t - \lambda) \cdot Q$

 b) $\deg Q = \deg P - 1$.

Beweis:

Wir führen eine Polynomdivision von P mit $(t - \lambda)$ durch. Es gibt dann ein $Q, r \in \mathbb{K}[t]$ mit

$$P = (t - \lambda)Q + r \quad \text{und} \quad \deg r < \deg(t - \lambda) = 1.$$

Also ist $r = a_0$ mit $a_0 \in \mathbb{K}$. Nun ist aber

$$0 = P(\lambda) = (\lambda - \lambda)Q + a_0 \;\Rightarrow\; a_0 = r = 0.$$

Also ist $r = 0$ und a) somit bewiesen.
Wegen $\deg P = \deg Q + \deg(t - \lambda) = \deg Q + 1$ folgt b).

Korollar. *Sei* $\mathbb{K}$ *ein beliebiger Körper,* $P \in \mathbb{K}[t]$ *ein Polynom und* k *die Anzahl der Nullstellen von* P. *Ist* P *vom Nullpolynom verschieden, dann gilt*

$$k \leq \deg P.$$

Beweis:

Wir führen den Beweis über Induktion über den Grad von P. Für $\deg P = 0$ ist $P = a_0 \neq 0$ ein konstantes Polynom. Dieses hat keine Nullstelle. Also ist unsere Behauptung richtig.

Sei $\deg P = n \geq 1$ und sei die Behauptung schon für alle Polynome $Q \in \mathbb{K}[t]$ mit $\deg Q = n-1$ bewiesen. Wenn P keine Nullstelle hat, ist die Behauptung richtig. Ist $\lambda \in \mathbb{K}$ eine Nullstelle, dann gibt es nach dem Lemma ein $Q \in \mathbb{K}[t]$ mit

$$P = (t - \lambda)Q \quad \text{und} \quad \deg Q = n - 1.$$

Alle von λ verschiedene Nullstellen von P müssen auch Nullstellen von Q sein. Ist l die Anzahl der Nullstellen von Q, so ist nach Induktionsannahme

$$l \leq n - 1, \quad \text{also} \quad k \leq l + 1 \leq n.$$

Definition 3.4.3. *Ist $P \in \mathbb{K}[t]$ vom Nullpolynom verschieden und $\lambda \in \mathbb{K}$. Dann heißt*

$$\mu(P; \lambda) := \max\{r \in \mathbb{N} : P = (t - \lambda)^r \cdot Q \text{ mit } Q \in \mathbb{K}[t]\}$$

die Vielfachheit der Nullstelle λ *von P.*

Aus dem Lemma folgt sofort

$$\mu(P; \lambda) = 0 \iff P(\lambda) \neq 0.$$

Ist $P = (t - \lambda)^r \cdot Q$ mit $\mu(P; \lambda) = r$, dann folgt $Q(\lambda) \neq 0$. Die Vielfachheit der Nullstelle λ gibt also an, wie oft der Linearfaktor $(t - \lambda)$ in P enthalten ist.

Wie wir gesehen haben, kann ein Polynom höchstens so viele Nullstellen haben, wie sein Grad angibt. Es gibt jedoch Polynome beliebigen Grades, die keine Nullstellen besitzen. Als Beispiel geben wie im Fall $\mathbb{K} = \mathbb{R}$

$$P = a^{2n} + 1, \quad n \in \mathbb{N}$$

und im Fall eines endlichen Körpers $\mathbb{K} = \{0, 1, a_3, \dots, a_m\}$

$$P = t(t-1)(t-a_3) \cdot \dots \cdot (t - a_m)^n + 1 \quad \text{für} \quad n \in \mathbb{N}$$

an.

Das Beste, was man von einem Polynom $P \in \mathbb{K}[t]$ erwarten kann, ist, dass es in seine *Linearfaktoren* zerfällt, d.h. dass es $\alpha, \lambda_1, \dots, \lambda_n \in \mathbb{K}$ gibt, so dass

$$P = \alpha \prod_{k=1}^{n} (t - \lambda_k)$$

gilt. Dabei ist $\deg P = n$.

Die wichtigste Existenzaussage für Nullstellen ist der Sogenannte **Fundamentalsatz der Algebra**.

Satz 3.4.2 (Fundamentalsatz der Algebra). *Jedes Polynom $P \in \mathbb{C}[t]$ mit $\deg P > 0$ hat in $\mathbb{C}$ mindestens eine Nullstelle.*

Dieser Satz wurde erstmals von *Carl Friederich Gauß* in seiner Dissertation an der Universität Helmstedt bewiesen. Weitere Beweise dieses Satzes lieferte er später. Der heute am weitesten verbreitete Beweis verwendet Hilfsmittel aus der Funktionentheorie. Ihn hier anzubringen würde jedoch den Rahmen dieser Lektüre sprengen.

3.4.2 Ganzrationale- und Gebrochenrationale Funktionen

Die Menge der rationalen Funktionen kann als Obermenge der Polynomfunktionen verstehen, in dem man Quotienten $f = \frac{P}{Q}$ von Polynomen $P, Q \in \mathbb{K}[t]$ betrachtet. Allgemein hat eine rationale Funktion die Form

$$f(x) = \frac{P(x)}{Q(x)} := \frac{\sum\limits_{i=0}^{n} a_i x^i}{\sum\limits_{j=0}^{m} b_j x^j} = \frac{a_n x^n + \ldots + a_1 x + a_0}{b_m x^m + \ldots + b_1 x + b_0}.$$

Dabei sind $P(x)$ und $Q(x)$ Polynomfunktionen vom Grad n und m.

Wie bereits erwähnt, ist das Dividieren von Polynomen und Polynomfunktionen problematisch und nicht immer erlaubt. Um dies machen zu können, müssen Einschränkungen innerhalb des Definitionsbereichs einer *rationalen Funktion* gemacht werden, wie wir später noch sehen werden.

Begriffsdefinitionen

1. Ist nun $\deg Q = 0$, dann heißt f *ganzrational*.

2. Ist $\deg Q > 0$, dann heißt f *gebrochenrational*.

3. Falls $\deg P < \deg Q$, dann heißt f *echt gebrochenrational*.

4. Falls $\deg P \geq \deg Q$, dann handelt es sich bei f um eine *unecht gebrochenrationale Funktion*. Sie kann mittels Polynomdivision in eine ganzrationale und eine echt gebrochenrationale Funktion der Form $f = g + \frac{r}{Q}$ aufgespalten werden. Dabei ist r das Restglied der Polynomdivision.

Asymptotisches Verhalten und Asymptoten

Von Interesse ist bei der Untersuchung rationaler Funktionen ihr Verhalten im Unendlichen. Hierfür lässt man die Funktionsvariable x gegen ∞ und $-\infty$ streben.

Beispiel:

Sei $f(x)$ gegeben durch

$$f(x) = \frac{a_n x^n + \ldots + a_1 x + a_0}{b_m x^m + \ldots + b_1 x + b_0}.$$

Dann gilt

$$\begin{aligned}
\lim_{x \to \infty} f(x) &= \lim_{x \to \infty} \frac{a_n x^n + \ldots + a_1 x + a_0}{b_m x^m + \ldots + b_1 x + b_0} \\
&= \lim_{x \to \infty} \frac{x^n \left(a_n + \frac{a_{n-1}}{x} + \ldots + \frac{a_1}{x^{n-1}} + \frac{a_0}{x^n} \right)}{x^m \left(b_m + \frac{b_{m-1}}{x} + \ldots + \frac{b_1}{x^{m-1}} + \frac{b_0}{x^m} \right)}
\end{aligned}$$

$$\lim_{x \to \infty} f(x) = \begin{cases} \text{sign}(a_n) \cdot \text{sign}(b_m) \cdot \infty & \text{für } n > m \\ \frac{a_n}{b_n} & \text{für } n = m \\ 0 & \text{für } n < m \end{cases}$$

Dabei ist sign die Signum-Funktion, auch Vorzeichenfunktion genannt. Sie ist folgendermaßen definiert:

$$\text{sign} : \mathbb{R} \longrightarrow \{-1, 0, 1\}$$
$$x \longmapsto \begin{cases} -1 & \text{für } x < 0 \\ 0 & \text{für } x = 0 \\ 1 & \text{für } x > 0 \end{cases}$$

Für $\lim_{x \to -\infty} f(x)$ ist zu beachten, dass $\lim_{x \to -\infty} f(x) = \lim_{x \to \infty} f(x)$ für n, m gerade und n, m ungerade und $\lim_{x \to -\infty} f(x) = -\lim_{x \to \infty} f(x)$ für n gerade, m ungerade oder umgekehrt ist. Dies hat Auswirkungen auf das Symmetrieverhalten.

Symmetrie

Definition 3.4.4. *Eine Polynomfunktion (ganzrationale Funktion) heißt gerade/ungerade, wenn die Exponenten all ihrer Monome gerade/ungerade sind.*

Während gerade Polynome symmetrisch zur Ordinate (y-Achse) sind, sind ungerade Polynome punktsymmetrisch zum Koordinatenursprung.
Für rationale Funktionen $f := \frac{p}{q}$ gilt:
Sind Zählerpolynom p und Nennerpolynom q von einem dieser beiden Typen, so ist auch die rationale Funktion f gerade oder ungerade.
Sind p und q beide gerade oder beide ungerade, so ist f gerade (d.h. symmetrisch zur Ordinate)
Ist p gerade und q ungerade, so ist f ungerade (d.h. punktsymmetrisch zum Ursprung). Gleiches gilt, wenn p ungerade und q gerade ist.
In allen anderen Fällen sind die Symmetrieeigenschaften von f schwieriger zu entscheiden.

Nullstellen und Polstellen

Die *Nullstellen* x_{n_i} einer rationalen Funktion $f := \frac{p}{q}$ sind Nullstellen des Zählerpolynoms p mit der Bedingung $q(x_{n_i}) \neq 0$.
Die *Polstellen* x_{p_j} einer rationalen Funktion $f := \frac{p}{q}$ sind Nullstellen des Nennerpolynoms q mit der Bedingung $p(x_{p_j}) \neq 0$.
Die x_{l_i} mit $p(x_{l_i}) = q(x_{l_i}) = 0$ heißen *Definitionslücke*, falls $\deg(p) \geq \deg(q)$. Falls $\deg(p) \leq \deg(q)$, ist x_{l_i} eine Polstelle. Auf die Definitionslücken werden wir aber weiter unten noch näher eingehen.

Definitionsbereich

Rationale Funktionen $f := \frac{p}{q}$ sind an den Nullstellen des Nennerpolynoms nicht definiert. Formal bedeutet das:
$$D_f = \mathbb{R} \setminus \{x_{n_j} \mid q(x_{n_j}) = 0 : j \in \mathbb{I}\}$$

Liegt nun bei x_{n_1} eine Lücke vor, wobei x_{n_1} eine $l$fache Nullstelle von q ist, lässt sie sich durch eine *stetige Fortsetzung* x_s beheben. Hierfür betrachten wir uns das Restglied r von f, in dem der Linearfaktor $x - x_{n_1}$ in q nicht mehr auftaucht. (Die Nusstelle wurde quasi herausgekürzt.) D.h. der Grad von r ist gegenüber des Grades von f um l reduziert.

Die stetige Fortsetzung von f erhalten wir dann durch das Grenzwertverhalten von r bei x_{n_1} und erhalten folgende Funktion

$$\tilde{f} := \begin{cases} f(x) & , \ x \in D_f \\ \displaystyle\lim_{x \to x_{n_1}} r(x) & , \ x = x_{n_1} \end{cases}$$

mit Definitionsbereich $D_{\tilde{f}} = D_f \cup \{x_{n_1}\}$.

Asymptoten

Handelt es sich bei $f := \frac{p}{q}$ um eine echt gebrochen-rationale Funktion, dann sind die Asymptoten von f gegeben durch die Polgeraden $x = x_{p_j}$, wobei die x_{p_j} die Polstellen von f sind.

Handelt es sich bei f um eine unecht gebrochen-rationale Funktion, dann lässt sich das Nennerpolynom p durch Polynomdivision derart aufteilen, dass f als Summe aus einer ganzrationalen Funktion g und einer echt gebrochen-rationalen Funktion $\frac{r}{q}$ geschrieben werden kann. Für p gilt dann $p(x) = g(x)q(x) + r(x)$ und für f

$$f(x) = g(x) + \frac{r(x)}{q(x)}$$

g wird als *Näherungsfunktion* oder *Asymptotenfunktion* von f bezeichnet.

3.4.3 Partialbruchzerlegung

Die Partialbruchzerlegung wird oft bei der Integration von rationalen Funktionen verwendet. Ihr Nutzen besteht darin, dass ihre Nenner nur noch aus Linearfaktoren bestehen.
Sei nun eine rationale Funktion $f(x) := \frac{p(x)}{q(x)}$ gegeben mit $\deg p =: m > n := \deg q$. Es gäbe ferner reelle Zahlen $\alpha_{i,j}$. Dann kann f in folgende Darstellung überführt werden:

$$f(x) = g(x) + \sum_{i=1}^{k} \sum_{j=1}^{l_i} \frac{\alpha_{i,j}}{(x - x_i)^j}$$

Offensichtlich ist $\deg g = m - n$, k die Anzahl unterschiedlicher Polstellen und l_i der Grad der i-ten Nullstelle. Die $\alpha_{i,j}$ sind Koeffizienten, die es zu bestimmen gilt. Dies geschieht durch Koeffizientenvergleich. Das Nennerpolynom wird zunächst in seine Linearfaktoren zerlegt., so dass es folgende Form annimmt:

$$q(x) = (x - x_1)^{l_1} \cdot (x - x_2)^{l_2} \cdot \ldots \cdot (x - x_k)^{l_k}$$

Je nach Form des Nennerpolynoms gibt es unterschiedliche Lösungsansätze:

- Nennerpolynom mit einfachen reellen Nullstellen $x_1, x_2, \ldots, x_k$:

$$\frac{r(x)}{q(x)} = \frac{\alpha_1}{x - x_1} + \frac{\alpha_2}{x - x_2} + \ldots + \frac{\alpha_k}{x - x_k}$$

- Nennerpolynom mit l-facher Nullstelle x_i:

$$\frac{r(x)}{q(x)} = \frac{\alpha_1}{x - x_1} + \frac{\alpha_2}{x - x_2} + \ldots + \frac{\beta_1}{(x - x_i)^1} + \frac{\beta_2}{(x - x_i)^2} + \ldots + \frac{\beta_l}{(x - x_i)^l}$$

- Nennerpolynom mit einfacher komplexer Nullstelle z_i:
  Die Nullstellen von $x^2 + ax + b$ sind dann z_i und $\bar{z}_i$, somit wird jede komplexe Nullstelle mit ihrer konjugiert komplexen zu einem Term zusammengefasst.

$$\frac{r(x)}{q(x)} = \frac{\alpha_1}{x - x_1} + \frac{\alpha_2}{x - x_2} + \ldots + \frac{(\beta_1 x + \gamma_1)}{(x^2 + ax + b)}$$

- Nennerpolynom mit l-facher komplexer Nullstelle z_i:

$$\frac{r(x)}{q(x)} = \frac{\alpha_1}{x - x_1} + \frac{\alpha_2}{x - x_2} + \ldots + \frac{(\beta_1 x + \gamma_1)}{(x^2 + ax + b)} + \frac{(\beta_2 x + \gamma_2)}{(x^2 + ax + b)^2} + \ldots + \frac{(\beta_l x + \gamma_l)}{(x^2 + ax + b)^l}$$

Koeffizientenvergleich

Um die Konstanten $\alpha_i, \beta_i, \ldots$ zu ermitteln, wird der Ansatz mit der Funktion gleichgesetzt und so erweitert, dass bei $f(x)$ der Nenner entfällt. Es entsteht eine eine einfache Gleichung, die uns durch Einsetzen der Nullstellen die Werte funserer Unbekannten liefert.

Beispiel:

Zu ermitteln ist die Partialbruchzerlegung von

$$f(x) = \frac{x + 3}{1 - x^2}.$$

Wir zerlegen das Nennerpolynom in seine Linearfaktoren und erhalten folgende Darstellung:

$$f(x) = \frac{x + 3}{(1 + x)(1 - x)}.$$

Da es zwei einfache, reelle Nullstellen besitzt, wählen wir folgenden Ansatz:

$$\frac{x + 3}{1 - x^2} = \frac{A}{1 + x} + \frac{B}{1 - x} \quad \Leftrightarrow \quad x + 3 = B - A + (A + B)x.$$

Für $x = 1$ erhalten wir $B - A + B + A = 4 \Leftrightarrow B = 2$.
Für $x = -1$ erhalten wir $B - A - B - A = 2 \Leftrightarrow A = -1$.
Daraus folgt

$$f(x) = \frac{2}{1 - x} - \frac{1}{1 + x}.$$

Kapitel 4

Differentialrechnung

Wir definieren jetzt den Differentialquotienten als Limes von Differenzenquotienten und führen die wichtigsten Rechenregeln der Differentialrechnung auf, wie Produkt-, Quotienten- und Kettenregel sowie die Formel zur Ableitung von Umkehrfunktionen.

4.1 Der Differentialquotient bzw. die Ableitung

4.1.1 Steigung einer Geraden

Die einfachsten aller Funktionen sind die sog. *linearen Funktionen* oder auch *Geraden* . Sie zeichnen sich durch folgende Eigenschaften aus:

Sei $f : \mathbb{R} \longrightarrow \mathbb{R}$ eine lineare Funktion mit $f(0) = 0$ und $x \in \mathbb{R}$, dann gilt

1. $f(x_1 + x_2) = f(x_1) + f(x_2) \qquad \forall x_1, x_2 \in \mathbb{R}$

2. $f(\lambda x) = \lambda f(x) \qquad \forall \lambda \in \mathbb{R}$

Die allgemeine Funktionsgleichung einer Geraden lautet:

$$f(x) = mx + b$$

Dabei sind m (die Steigung) und b (der y-Achsenabschnitt) jeweils Konstanten, die die Funktion charakterisieren.

Skizze:

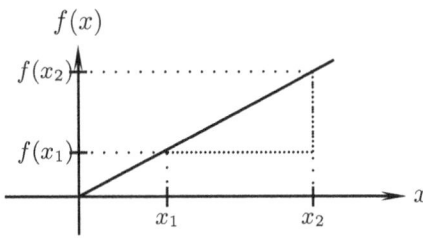

Steigungsdreieck von f

Zu erkennen ist das Steigungsdreieck , welches durch die Werte x_1, x_2 und die dazugehörigen Funktionswerte $f(x_1)$, $f(x_2)$ gebildet wird.

Die Steigung der Graden ist gegeben durch den Tangens des Winkels der Geraden zur x-Achse. Laut Definition des Tangens ergibt sich für die Steigung folgende Beziehung:

$$\tan\phi = \frac{\Delta f(x)}{\Delta x} = \frac{f(x_2) - f(x_1)}{x_2 - x_1}$$

Es ist leicht zu zeigen, dass $\tan\phi = m$ ist.

Beweis: Wir berechnen die Steigung von $f(x) = mx + b$, indem wir sie in den obigen Differenzenquotienten einsetzen:

$$
\begin{aligned}
\tan\phi &= \frac{f(x_2) - f(x_1)}{x_2 - x_1} \\
&= \frac{mx_2 + b - (mx_1 + b)}{x_2 - x_1} \\
&= \frac{m(x_2 - x_1) + b - b}{x_2 - x_1} \\
&= \frac{m(x_2 - x_1)}{x_2 - x_1} \\
&= m
\end{aligned}
$$

Es ist daher sehr leicht, die Steigung einer Geraden zu berechnen. Man nimmt sich zwei Punkte, die auf der Geraden liegen und berechnet über das jeweilige Steigungsdreieck die Steigung der Geraden.

Problematisch wird das allerdings bei nichtlinearen Funktionen, da ihre Steigung von Punkt zu Punkt variiert. Hier lässt sich also nicht ohneweiteres ein Steigungsdreieck anlegen. Dieses Problem führt uns zu einer Verallgemeinerung des Steigungsbegriffs.

Bestimmungsgleichungen der Geraden

Die allgemeine Funktionsgleichung einer Geraden ist $f(x) = mx + b$. Jede Gerade wird daher von den Parametern b und m eindeutig bestimmt. Ist die Steigung einer Geraden bekannt, ist die Kenntnis mindestens eines Punktes $P(x_1, y_1)$ nötig, um die Gerade eindeutig zu spezifizieren. Dies führt uns zur **Punkt-Steigungs-Gleichung**.
Im folgenden sei $y := f(x)$.
Hierfür betrachten wir uns die Definitionsgleichung der Steigung. Da m invariant bzgl. der Größe des Steigungsdreiecks ist, ist die Gleichung für alle Paare $(x, y) \in \Gamma_f$, also alle Punkte auf dem Funktionsgrafen Γ_f, erfüllt. Es gilt also

$$\frac{y - y_1}{x - x_1} = m \iff y = m(x - x_1) + y_1$$

Offensichtlich gilt $b = y_1 - mx_1$.

Sind zwei Punkte $P(x_1, y_1)$ und $Q(x_2, y_2)$ der Funktionsgeraden Γ_f bekannt, so ist sie hierdurch ebenfalls vollständig spezifiziert. Dies führt uns zur **Zwei-Punkte-Gleichung**.
Wir betrachten auch hier die Definitionsgleichung der Steigung. Einerseits ist $\frac{y-y_1}{x-x_1} = m$, andererseits gilt $m = \frac{y_2-y_1}{x_2-x_1}$. Daraus folgt

$$\frac{y - y_1}{x - x_1} = \frac{y_2 - y_1}{x_2 - x_1} \iff y = \frac{y_2 - y_1}{x_2 - x_1}(x - x_1) + y_1.$$

Normale einer Geraden

Eine Normale $g_\perp$ zu einer Geraden g ist eine Gerade, die senkrecht auf der Geraden g steht.

Skizze:

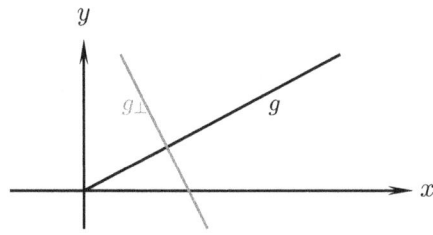

$g_\perp$ ist orthogonal zu g

Die Funktion g : $f(x) = mx + b$ sei bekannt. Zu bestimmen ist die Funktionsgleichung $g_\perp$: $h(x) = m_\perp x + c$, die g im Punkt $P(x_1, y_1)$ schneidet.

Satz 4.1.1. *Eine Gerade g habe die Steigung m. Dann ist die Steigung ihrer Normalen $g_\perp$ gegeben durch $m_\perp = -\frac{1}{m}$.*

Beweis: $\phi := \arctan m$ ist der rechtsseitig eingeschlossene Winkel zwischen Abzisse und der Geraden g. Demzufolge schließt ihre Normale den Winkel $\phi + \frac{\pi}{2}$ ein. Es gilt also:

$$
\begin{aligned}
m_\perp &= \tan\left(\phi + \frac{\pi}{2}\right) \\[2mm]
&= \frac{\tan\phi + \tan\left(\frac{\pi}{2}\right)}{1 - \tan\phi \tan\left(\frac{\pi}{2}\right)} \\[2mm]
&= \frac{\frac{\tan\phi}{\tan\left(\frac{\pi}{2}\right)} + 1}{\frac{1}{\tan\left(\frac{\pi}{2}\right)} - \tan\phi} \qquad \Big|\ \tan\left(\frac{\pi}{2}\right) = \infty \\[2mm]
\Rightarrow m_\perp &= -\frac{1}{\tan\phi} = -\frac{1}{m} \qquad \text{q.e.d.}
\end{aligned}
$$

Wir verwenden nun Satz 4.1.1, um $h(x)$ mit der Punkt-Steigungs-Gleichung zu bestimmen.

$$
\frac{h(x) - y_1}{x - x_1} = -\frac{1}{m} \ \Leftrightarrow \ h(x) = \frac{x_1 - x}{m} + y_1.
$$

4.1.2   Von der Geraden zur allgemeinen differenzierbaren Funktion

Das Problem lässt sich durch Zurückführung auf den Steigungsbegriff der linearen Funktionen lösen.

Die Idee ist, einen möglichst genauen Näherungswert für die Steigung der Funktion im Punkt $(x_0, f(x_0))$ zu errechnen. Hierzu legen wir eine Gerade an den Funktionsgrafen, die ihn in zwei möglichst eng beieinanderliegenden Punkten schneidet. Solch eine Gerade wird als Sekante bezeichnet. Wir reduzieren unser Problem also auf die Ermittlung der Sekantensteigung. So können wir unser Wissen über Geraden anwenden, um einen Näherungswert der Steigung im Punkt $(x_0, f(x_0))$ zu erhalten.

Skizze:

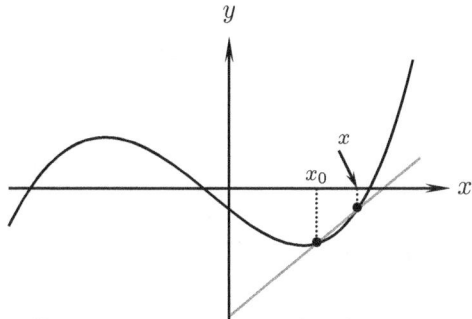

Sekante am Funktionsgrafen f

Wie aus der obigen Skizze zu sehen ist, nähert sich die Sekantensteigung der Tangentensteigung an, wenn das Intervall der Schnittpunkte verkleinert wird. Aus dem approximativen Ergebnis wird dann ein exaktes Ergebnis, wenn das gewählte Intervall eine infinitesimale Größe erreicht und die Sekante in eine Tangente übergeht. Dies soll letztendlich unser Ziel sein.

Zunächst bringen wir unseren Differenzenquotienten in eine etwas andere Form: Gegeben sei eine Funktion f. Und zu bestimmen sei die Tangentensteigung im Punkt $(x_0, f(x_0))$. Der Differenzenquotient lautet

$$\frac{\Delta f(x)}{\Delta x} := \frac{f(x_2) - f(x_1)}{x_2 - x_1}$$

Wir setzen $x_1 := x_0$ und wählen $x_2 := x$, da wir diesen Wert zur Modifizierung des Intervalls $[x_0, x]$ variabel halten. Somit ist die Sekantensteigung gegeben durch

$$m_s = \frac{f(x) - f(x_0)}{x - x_0}.$$

Wir verkleinern die Größe des Intervalls $[x_0, x]$ nun zu einer unendlich kleinen, zu einer infinitesimalen Größe und erhalten so die Tangentensteigung

$$m_t = \lim_{x \to x_0} \frac{f(x) - f(x_0)}{x - x_0} = f'(x_0)$$

In der Fachliteratur wird dieser Quotient als Differentialquotient bezeichnet. f' wird dort fast ausschließlich nach Leibnitz $\frac{df(x)}{dx}$ oder $\frac{d}{dx} f(x)$ geschrieben, was zum Einen eine intuitivere Notation ist, da wir es ja mit einem Differentialquotienten zu tun haben. Zum Anderen ist sie gerade bei Funktionen mit mehreren Funktionsvariablen eindeutiger. Aber da wir nur einparametrige Funktionen betrachten, soll die Newtonsche Schreibweise reichen.

Definition 4.1.1 (Differenzierbarkeit). *Sei $D \subset \mathbb{R}$ und $f : D \to \mathbb{R}$ eine Funktion. f heißt in einem Punkt $x_0 \in D$ differenzierbar, falls für jede Folge a_n der Grenzwert*

$$f'(x) := \lim_{\substack{x \to x_0 \\ x \neq x_0}} \frac{f(x) - f(x_0)}{x - x_0}$$

existiert. Insbesondere wird vorausgesetzt, dass es mindestens eine Folge $(a_n)_{n \in \mathbb{N}} \in D\backslash\{x_0\}$ mit $\lim_{n \to \infty} a_n = x_0$ gibt. Der Grenzwert $f'(x_0)$ heißt Differenzialquotient *oder* Ableitung *von f im Punkt x_0.*
Die Funktion f heißt differenzierbar in D, falls f in jedem Punkt $x_0 \in D$ differenzierbar ist.

Bemerkung. *Eine alternative Darstellung des Differentialquotienten bekommt man mit der Substitution $h := x - x_0$ und erhält dann*

$$f'(x_0) = \lim_{h \to 0} \frac{f(x_0 + h) - f(x_0)}{h}.$$

Dabei sind natürlich nur solche Folgen $(h_n)_{n \in \mathbb{N}}$ mit $\lim_{n \to \infty} = 0$ zugelassen, für die $h_n \neq 0$ und $x_0 + h_n \in D \; \forall n$ gilt.

Bemerkung. *Die Ermittlung der Ableitung einer Funktion unter Verwendung des Differentialquotienten wird als* Fixpunktmethode *bezeichnet. Die Ermittlung der Ableitung mittels ihrer alternativen Darstellung wird* h-Methode *genannt.*

Beispiele h-Methode

1. **Normalparabel:**
   $f(x) = x^2$ sei gegeben. Es soll die Steigung im Punkt $(x, f(x))$ berechnet werden. Hierzu setzen wir die Funktion in den Differentialquotienten ein:

$$
\begin{aligned}
f'(x) &= \lim_{h \to 0} \frac{f(x + h) - f(x)}{h} \\
&= \lim_{h \to 0} \frac{(x + h)^2 - x^2}{h} \\
&= \lim_{h \to 0} \frac{x^2 + h^2 + 2xh - x^2}{h} \\
&= \lim_{h \to 0} \frac{2xh + h^2}{h} \\
&= \lim_{h \to 0} \frac{h(2x + h)}{h} \\
&= \lim_{h \to 0} (2x + h) \\
&= 2x
\end{aligned}
$$

2. **Allgemeine Parabel**
   Die allg. Funktionsgleichung einer Parabel lautet $f(x) = ax^2 + bx + c$, wobei $a, b, c \in \mathbb{R}$. Wie im ersten Beispiel setzen wir die Funktionsgleichung in den Differentialquotienten

ein, um die Steigung im Punkt $(x, f(x))$ zu berechnen:

$$
\begin{aligned}
f'(x) &= \lim_{h \to 0} \frac{f(x+h) - f(x)}{h} \\
&= \lim_{h \to 0} \frac{a(x+h)^2 + b(x+h) + c - (ax^2 + bx + c)}{h} \\
&= \lim_{h \to 0} \frac{a(x+h)^2 + b(x+h) - ax^2 - bx}{h} \\
&= \lim_{h \to 0} \frac{a(x^2 + h^2 + 2xh) + b(x+h) - ax^2 - bx}{h} \\
&= \lim_{h \to 0} \frac{ax^2 + ah^2 + 2axh + bx + bh - ax^2 - bx}{h} \\
&= \lim_{h \to 0} \frac{ah^2 + 2axh + bh}{h} \\
&= \lim_{h \to 0} \frac{h(ah + 2ax + b)}{h} \\
&= \lim_{h \to 0} (ah + 2ax + b) \\
&= 2ax + b
\end{aligned}
$$

3. **Hyperbel**

Die Funktionsgleichung einer Hyperbel lautet $f(x) = \frac{a}{x} + b$, $x \neq 0$. Wir berechnen $f'(x)$ wie oben:

$$
\begin{aligned}
f'(x) &= \lim_{h \to 0} \frac{f(x+h) - f(x)}{h} \\
&= \lim_{h \to 0} \frac{\frac{a}{x+h} + b - \left(\frac{a}{x} + b\right)}{h} \\
&= \lim_{h \to 0} \frac{\frac{a}{x+h} - \frac{a}{x}}{h} \\
&= \lim_{h \to 0} \frac{a\left(\frac{1}{x+h} - \frac{1}{x}\right)}{h} \\
&= \lim_{h \to 0} \frac{a\left(\frac{x}{x(x+h)} - \frac{x+h}{x(x+h)}\right)}{h} \\
&= \lim_{h \to 0} \frac{a\frac{x-x-h}{x(x+h)}}{h} \\
&= \lim_{h \to 0} a\frac{-h}{hx(x+h)} \\
&= \lim_{h \to 0} \frac{-a}{x(x+h)} \\
&= -\frac{a}{x^2}
\end{aligned}
$$

4. **Lineare Funktion**

Die allg. Funktionsgleichung einer Geraden lautet $f(x) = mx + b$. Die einfache Rechnung sei dem Leser als Übung überlassen:

4.1.3 Ableitung der Exponentialfunktionen

In duesem Paragraphen wollen wir die Ableitung der Exponentialfunktion bestimmen. Insbesondere wird hier die besondere Bedeutung der Eulerschen Zahle deutlich, indem wir sie als Grenzwert einer Folge kennenlernen.

Wir wollen also die Funktion

$$f : \mathbb{R} \longrightarrow \mathbb{R}^+$$
$$x \longmapsto b^x, \quad b \in \mathbb{R}^+ \backslash \{0\}$$

im Punkt $P(x_0 | f(x_0))$ ableiten. Es gilt

$$
\begin{aligned}
f'(x_0) &= \lim_{h \to 0} \frac{f(x_0 + h) - f(x_0)}{h} \\
&= \lim_{h \to 0} \frac{b^{x_0 + h} - b^{x_0}}{h} \\
&= b^{x_0} \lim_{h \to 0} \frac{b^h - 1}{h}
\end{aligned}
$$

Da der Faktor b^{x_0} konstant ist, ist er für die weitere Betrachtung nicht von Gewicht. Wir können also o.B.d.A. $x_0 := 0$ setzen und erhalten

$$f'(0) = b^0 \lim \frac{e^h - 1}{h} = \lim \frac{e^h - 1}{h}.$$

Da durch Basiswechsel jederzeit ein e mit $b^x = e^{x \ln b}$ gefunden werden kann, ist es sinnvoll ein b zu finden, so dass f' eine möglichst einfache Form besitzt. Dies wäre der Fall, wenn $f'(0) = 1$ ist.

Lemma. *Es gibt ein $b \in \mathbb{R}^+ \backslash \{0\}$, so dass gilt*

$$\lim_{h \to 0} \frac{b^h - 1}{h} = 1.$$

Beweis:

Die Tangente t_0 im Punkt $P(0 | f(0))$ an f hat die Form

$$t_0(x) = f'(0)x + f(0) = x + 1.$$

Wir betrachten die Punktfolge $P_n \left(\frac{1}{n} \middle| 1 + \frac{1}{n} \right)$ mit $\lim_{n \to \infty} P_n = P(0|1)$. Es ist leicht einzusehen, dass für alle $n \in \mathbb{N}$ $P_n \in \Gamma_{t_0} = \{ (x, y) \in \mathbb{R}^2 | y = x + 1 \}$ ist. Zu jedem $n \in \mathbb{N}$ $\exists b_n$ mit

$$b_n^{\frac{1}{n}} = 1 + \frac{1}{n} \Leftrightarrow b_n = \left(1 + \frac{1}{n} \right)^n.$$

Nun ist

$$b = \lim_{n \to \infty} b_n = \lim_{n \to \infty} \left(1 + \frac{1}{n} \right)^n.$$

Man kann zeigen, dass diese Folge streng monoton wachsend und beschränkt ist. Ihr Grenzwert existiert also und wird als Eulersche Zahl e bezeichnet.

Aus dem Lemma folgt sofort: Sei $f(x) = e^x$, dann ist die Ableitung im Punkt $P(x_0 | e^{x_0})$ gegeben durch $f'(x_0) = e^{x_0}$.

4.1.4 Ableitung trigonometrische Funktionen

Ableitung der Sinusfunktion

Behauptung. Sei $f(x) = \sin(x)$. Dann ist $f'(x) = \cos(x)$.

Beweis:

$$f'(x) = \lim_{h \to 0} \frac{\sin(x_0 + h) - \sin(x_0)}{h}$$

Wir verwenden das Additionstheorem

$$\sin(a) - \sin(b) = 2 \cos \frac{a+b}{2} \sin \frac{a-b}{2}$$

und setzen $a := x_0 + h$ und $b := x_0$. Damit erhalten wir

$$
\begin{aligned}
f'(x) &= \lim_{h \to 0} \frac{2 \cos \left(\frac{2x+h}{2} \right) \sin \left(\frac{h}{2} \right)}{h} \\
&= \left(\lim_{h \to 0} \cos \left(x + \frac{h}{2} \right) \right) \left(\underbrace{\lim_{h \to 0} \frac{\sin \left(\frac{h}{2} \right)}{\frac{h}{2}}}_{=1} \right)
\end{aligned}
$$

Da $\cos(x)$ stetig ist, gilt $\lim_{h \to 0} \cos \left(x + \frac{h}{2} \right) = \cos(x)$ und es folgt die Behauptung.

Ableitung der Kosinusfunktion

Behauptung. Sei $f(x) = \cos(x)$. Dann ist $f'(x) = -\sin(x)$.

Beweis:

$$f'(x) = \lim_{h \to 0} \frac{\cos(x_0 + h) - \cos(x_0)}{h}$$

Wir verwenden das Additionstheorem

$$\cos(a) - \cos(b) = -2 \sin \frac{a+b}{2} \sin \frac{a-b}{2}$$

und setzen $a := x_0 + h$ und $b := x_0$. Damit erhalten wir

$$
\begin{aligned}
f'(x) &= \lim_{h \to 0} \frac{-2 \sin \left(\frac{2x+h}{2} \right) \sin \left(\frac{h}{2} \right)}{h} \\
&= - \left(\lim_{h \to 0} \sin \left(x + \frac{h}{2} \right) \right) \left(\underbrace{\lim_{h \to 0} \frac{\sin \left(\frac{h}{2} \right)}{\frac{h}{2}}}_{=1} \right)
\end{aligned}
$$

Da $\sin(x)$ stetig ist, gilt $\lim_{h \to 0} \sin \left(x + \frac{h}{2} \right) = \sin(x)$ und es folgt die Behauptung.

Die Ableitungen weiterer trigonometrischer und hyperbolischer Funktionen werden ohne Angabe eines Beweises in nachfolgend angegeben.

Tabellarische Auflistung trigonometrischer/hyperbolischer Funktionen und ihre Ableitungen

$f(x)$	$f'(x)$	f^{-1}	$(f^{-1})'$
$\sin x$	$\cos x$	$\arcsin x$	$\frac{1}{\sqrt{1-x^2}}$
$\cos x$	$-\sin x$	$\arccos x$	$-\frac{1}{\sqrt{1-x^2}}$
$\tan x$	$\frac{1}{\cos^2 x}$	$\arctan x$	$\frac{1}{1+x^2}$
$\cot x$	$-\frac{1}{\sin^2 x}$	$\text{arccot } x$	$-\frac{1}{1+x^2}$
$\sinh x$	$\cosh x$	$\text{arsinh } x$	$\frac{1}{\sqrt{1+x^2}}$
$\cosh x$	$\sinh x$	$\text{arcosh } x$	$-\frac{1}{\sqrt{x^2-1}}$
$\tanh x$	$\frac{1}{\cosh^2 x}$	$\text{artanh } x$	$\frac{1}{1-x^2}$
$\coth x$	$-\frac{1}{\sinh^2 x}$	$\text{arcoth } x$	$-\frac{1}{x^2-1}$

4.2 Rechenregeln der Differenziation

Satz 4.2.1 (Summenregel). *Seien $f : \mathbb{D} \to \mathbb{R}$ und $g : \mathbb{E} \to \mathbb{R}$ differenzierbar in $x \in \mathbb{D} \cap \mathbb{E}$ und sei $\lambda \in \mathbb{R}\backslash\{0\}$ eine Konstante. Dann*

(a) ist $(f+g)$ in x differenzierbar und es gilt

$$(f+g)'(x) = f'(x) + g'(x)$$

(b) ist λf in x differenzierbar und es gilt

$$(\lambda f)'(x) = \lambda f'(x).$$

Beweis:

(a)

$$
\begin{aligned}
(f+g)'(x) &= \lim_{\xi \to x} \frac{(f+g)(\xi) - (f+g)(x)}{\xi - x} \\
&= \lim_{\xi \to x} \frac{f(\xi) + g(\xi) - \big(f(x) + g(x)\big)}{\xi - x} \\
&= \lim_{\xi \to x} \frac{f(\xi) - f(x) + g(\xi) - g(x)}{\xi - x} \\
&= \lim_{\xi \to x} \frac{f(\xi) - f(x)}{\xi - x} + \lim_{\xi \to x} \frac{g(\xi) - g(x)}{\xi - x}
\end{aligned}
$$

Da g und f in x differenzierbar sind, existieren die beiden Limiten und die Behauptung ist bewiesen.

(b) Der Beweis von Behauptung (b) ist analog zu (a) und sei dem Leser zur Übung überlassen.

Bemerkung. *Dieser Satz bedeutet, dass der Differentialoperator linear ist. Die Linearität bedeutet insbesondere, dass Koeffizienten invariant bzgl. des Differentialoperators sind und zusammengesetzte Funktionen in Einzelprobleme zerlegt werden können.*

Satz 4.2.2 (Potenzregel). *Sei $f(x) = x^n$ mit $x \in \mathbb{R}$ und $n \in \mathbb{N}\backslash\{0\}$. Dann gilt*

$$f'(x) = nx^{n-1}$$

Beweis:

$$
\begin{aligned}
f'(x) &= \lim_{h \to 0} \frac{f(x+h) - f(x)}{h} \\
&= \lim_{h \to 0} \frac{(x+h)^n - x^n}{h} \\
&= \lim_{h \to 0} \frac{\sum_{i=0}^{n} \binom{n}{i} x^i h^{n-i} - x^n}{h} \\
&= \lim_{h \to 0} \frac{\sum_{i=0}^{n-1} \binom{n}{i} x^i h^{n-i}}{h} \\
&= \lim_{h \to 0} \sum_{i=0}^{n-1} \binom{n}{i} x^i h^{n-i-1} \\
&= \sum_{i=0}^{n-1} \left(\lim_{h \to 0} \binom{n}{i} x^i h^{n-i-1} \right) \\
&= \binom{n}{n-1} x^{n-1} \\
&= n x^{n-1}
\end{aligned}
$$

Bemerkung. *Diese Regel gilt auch noch für $n \in \mathbb{Q}$, was allerdings aus diesem Beweis nicht folgt. Diese Regel lässt sich allerdings mithilfe der Kettenregel und der Quotientenregel leicht auf $n \in \mathbb{Z}$ erweitern.*

Satz 4.2.3 (Produktregel). *Seien $f : \mathbb{F} \to \mathbb{R}$ und $g : \mathbb{G} \to \mathbb{R}$ in $x \in \mathbb{F} \cap \mathbb{G}$ differenzierbar. Dann ist auch fg in x differenzierbar und es gilt*

$$
(fg)'(x) = (f'g)(x) + (fg')(x).
$$

Beweis:

$$
\begin{aligned}
(fg)'(x) &= \lim_{\xi \to x} \frac{f(\xi)\,g(\xi) - f(x)\,g(x)}{h} \qquad ; \text{addiere } f(\xi)\,g(x) - f(\xi)\,g(x) \\
&= \lim_{\xi \to x} \frac{f(\xi)\,g(\xi) + f(\xi)\,g(x) - f(\xi)\,g(x) - f(x)\,g(x)}{h} \\
&= \lim_{\xi \to x} \frac{f(\xi)\,(g(\xi) - g(x)) + (f(\xi) - f(x))\,g(x)}{h} \\
&= \lim_{\xi \to x} f(\xi) \frac{g(\xi) - g(x)}{h} + \lim_{\xi \to x} \frac{f(\xi) - f(x)}{h}\,g(x) \\
&= f(x)\,g'(x) + f'(x)\,g(x)
\end{aligned}
$$

Beispiel:

$$
\begin{aligned}
f(x) &= \sin x \cos x \\
f'(x) &= \cos^2 x - sin^2 x \\
&= 2\cos^2 x - 1
\end{aligned}
$$

Satz 4.2.4 (Quotientenregel). *Seien* $f : \mathbb{F} \to \mathbb{R}$ *und* $g : \mathbb{G} \to \mathbb{R}$ *in* $x \in \mathbb{F} \cap \mathbb{G}$ *differenzierbar. Sei ferner* $g \neq 0 \forall \xi \in \mathbb{F} \cap \mathbb{G}$. *Dann ist auch* $\frac{f}{g}$ *in* x *differenzierbar und es gilt*

$$\left(\frac{f}{g}\right)'(x) = \frac{(f'g)(x) - (fg')(x)}{g^2(x)}.$$

Beweis

Wir behandeln zunächst den Spezialfall $\frac{1}{g}$:

$$
\begin{aligned}
\left(\frac{1}{g}\right)' &= \lim_{h \to 0} \frac{\frac{1}{g(x+h)} - \frac{1}{g(x)}}{h} \\
&= \lim_{h \to 0} \frac{\frac{g(x)}{g(x+h)\,g(x)} - \frac{g(x+h)}{g(x+h)\,g(x)}}{h} \\
&= \lim_{h \to 0} \frac{\frac{g(x) - g(x+h)}{g(x+h)\,g(x)}}{h} \\
&= \lim_{h \to 0} \frac{1}{g(x+h)\,g(x)} \frac{g(x) - g(x+h)}{h} \\
&= -\lim_{h \to 0} \frac{1}{g(x+h)\,g(x)} \frac{g(x+h) - g(x)}{h} \\
&= -\frac{g'(x)}{g^2(x)}
\end{aligned}
$$

Der allgemeine Fall folgt aus der Anwendung der Produktregel: $\frac{f}{g} = f \cdot \frac{1}{g}$:

$$
\begin{aligned}
\left(\frac{f}{g}\right)' &= \left(f(x) \frac{1}{g(x)}\right)' \\
&= \frac{f'(x)}{g(x)} - \frac{f(x)\,g'(x)}{g^2(x)} \\
&= \frac{f'(x)\,g(x) - f(x)\,g'(x)}{g^2(x)}
\end{aligned}
$$

Beispiel:

$$
\begin{aligned}
f(x) &= \tan x , \qquad \tan x = \frac{\sin x}{\cos x} \\
f'(x) &= \frac{\cos^2 x + \sin^2 x}{\cos^2 x} \\
f'(x) &= \frac{1}{\cos^2 x}
\end{aligned}
$$

Satz 4.2.5 (Kettenregel). *Seien* $u : \mathbb{D} \to \mathbb{R}$ *und* $v : \mathbb{E} \to \mathbb{R}$ *zwei Funktionen mit* $v(\mathbb{D}) \subset \mathbb{E}$. *Die Funktion* u *sei im Punkt* $x \in \mathbb{E}$ *differenzierbar und* v *sei im Punkt* $y := u(x) \in \mathbb{E}$ *differenzierbar. Dann ist die zusammengesetzte Funktion*

$$f := v \circ u : \mathbb{D} \longrightarrow \mathbb{R}$$

differenzierbar und es gilt

$$f'(x) = u'(x) \cdot v'\big(u(x)\big)$$

.

Beweis:

Wir definieren die Funktion v^* durch

$$v^*(\eta) := \begin{cases} \frac{v(\eta) - v(y)}{\eta - y} & \text{für } \eta \neq y \\ v'(y) & \text{für } \eta = y \end{cases}$$

Da v in y differenzierbar ist, gilt

$$\lim_{\eta \to y} v^*(\eta) = v^*(y) = v'(y).$$

Außerdem gilt für alle $\eta \in \mathbb{E}$

$$v(\eta) - v(y) = g^*(\eta)(\eta - y).$$

Damit erhalten wir

$$\begin{aligned} f'(x) &= (v \circ u)'(x) = \lim_{\xi \to x} \frac{v\big(u(\xi)\big) - v\big(u(x)\big)}{\xi - x} \\ &= \lim_{\xi \to x} \frac{v^*\big(u(\xi)\big)\big(u(\xi) - u(x)\big)}{\xi - x} \\ &= \lim_{\xi \to x} v^*\big(u(\xi)\big) \lim_{\xi \to x} \frac{u(\xi) - u(x)}{\xi - x} \\ &= v'\big(u(x)\big)\, u'(x). \end{aligned}$$

Beispiele:

- $f(x) = \sin^n (ax^m + b)$
  $f'(x) = amn\, x^{m-1} \cos (ax^m + b) \sin^{n-1} (ax^m + b)$

-
$$\begin{aligned} f(x) &= \frac{1}{\sqrt{ax^2 + bx + c}}, \qquad x \in \mathbb{R} \setminus \left\{ \frac{b}{2a} - \sqrt{\left(\frac{b}{2a}\right)^2 - \frac{c}{a}}, \; \frac{b}{2a} + \sqrt{\left(\frac{b}{2a}\right)^2 - \frac{c}{a}} \right\} \\ f'(x) &= -\frac{ax + \frac{b}{2}}{(ax^2 + bx + c)\sqrt{ax^2 + bx + c}} \end{aligned}$$

4.2.1 Ableitung von Umkehrfunktionen:

Definition 4.2.1 (Umkehrfunktion). *Seien $X, Y \subseteq \mathbb{R}$ zwei Mengen und $x \in X$ und $y \in Y$. Ferner seien $f : X \longrightarrow Y$ und $g : Y \longrightarrow X$ zwei Funktionen. g heißt Umkehrfunktion von f, falls für alle $y := f(x)$ gilt: $g(y) = x$. Wir schreiben dann $g(y) =: f^{-1}(y)$ und es gilt*

$$\begin{aligned} (f^{-1} \circ f)(x) &= f^{-1}\big(f(x)\big) = x \\ (f \circ f^{-1})(y) &= f\big(f^{-1}(y)\big) = y \end{aligned}$$

Ableiten beider Seiten ergibt nach der Kettenregel

$$
\begin{aligned}
\left(f^{-1}\big(f(x)\big)\right)' &= (x)' \\
f'(x)\,(f^{-1})'(y) &= 1 \quad \text{mit } y := f(x) \\
\Leftrightarrow (f^{-1})'(y) &= \frac{1}{f'(x)}
\end{aligned}
$$

Beispiele:

1. Zu bestimmen sei die Ableitung der Funktion $f(x) = \arcsin x$. Die Umkehrfunktion zu f ist dann $f^{-1}(y) = \sin y$.

   Zunächst bringen wir die oben gefundene Beziehung auf folgende Form:

   $$
   f'(x) = \frac{1}{(f^{-1})'(y)}
   $$

   Wir erhalten also

   $$
   \begin{aligned}
   f'(x) &= \frac{1}{\cos(\arcsin x)} \\
   &= \frac{1}{\sqrt{1 - \sin^2(\arcsin x)}} \\
   &= \frac{1}{\sqrt{1 - x^2}}
   \end{aligned}
   $$

2. Zu bestimmen sei die Ableitung von der Funktion $f(x) = \ln|x|$. Die Umkehrfunktion von f ist gegeben durch $f^{-1}(y) = e^y$. Dann gilt

   $$
   f'(x) = \frac{1}{e^{\ln|x|}} = \frac{1}{x}.
   $$

4.2.2 Ableitung höherer Ordnung

Die Funtion $f : D_f \longrightarrow \mathbb{R}$ sei in D_f differenzierbar. Falls f' ihrerseits im Punkt $x \in D_f$ differenzierbar ist, dann heißt

$$
\frac{d^2 f(x)}{dx^2} := f''(x) := (f')'(x)
$$

die zweite Ableitung von f in x.

Allgemein definieren wir durch vollständige Induktion:

Definition 4.2.2. *Eine Funktion $f : D_f \longrightarrow \mathbb{R}$ ist k-mal differenzierbar im Punkt $x \in D_f$, wenn es ein $\epsilon > 0$ gibt, so dass $f|_{D_f \cap]x-\epsilon,\,x+\epsilon[} \longrightarrow \mathbb{R}$ $(k-1)$-mal differenzierbar ist und die $(k-1)$-te Ableitung von f in x differenzierbar ist. Man verwendet folgende Bezeichnungen:*

$$
f^{(k)}(x) := \frac{d^k f(x)}{dx^k} := \frac{d^k}{dx^k} f(x) := \frac{d}{dx}\left(\frac{d^{k-1} f(x)}{dx^{k-1}}\right)
$$

Die Funktion $f : D_f \longrightarrow \mathbb{R}$ heißt k-mal differenzierbar, falls sie im jeden Punkt $x \in D_f$ k-mal differenzierbar ist. Sie heißt k-mal stetig differenzierbar, wenn überdies die k-te Ableitung $f^{(k)} : D_f \longrightarrow \mathbb{R}$ in D_f stetig ist. Man schreibt dann $f \in \mathcal{C}^k(\mathbb{R})$. Dabei bezeichnet $\mathcal{C}^k(\mathbb{R})$ die Menge aller k-mal stetig differenzierbaren Funktionen auf $\mathbb{R}$.

4.2.3 Die Taylor-Reihe

Taylor-Reihen werden häufig in den Ingenieurs- und Naturwissenschaften verwendet, um Funktionen durch Potenzreihen auszudrücken oder zu approximieren. Sie ist benannt nach dem Mathematiker Brook Taylor (18.08.1685 – 29.12.1731). Natürlich sind nicht alle Funktionen in einer Potenzreihe darstellbar. Eine Taylor-Reihen-Entwicklung existiert nur für Funktionen, die hinreichend oft differenzierbar sind. Idealerweise sind sie beliebig oft differenzierbar. Wir suchen also eine Potenzreihendarstellung T_f einer Funktion $f \in \mathcal{C}^\infty(\mathbb{R})$ mit:

$$T_f(x) := \sum_{i=0}^{\infty} a_i (x - x_0)^i.$$

x_0 ist dabei der Punkt, um den T_f entwickelt werden soll. Jede Potenzreihe ist eindeutig durch die Koeffizienten a_i ihrer Summanden bestimmt. Zu ermitteln sind also alle Koeffizienten a_i der Potenzreihe T_f. Da T_f Ausdruck der Funktion f sein soll, müssen alle ihre Ableitungen im Punkt x_0 identisch mit den entsprechenden von f sein. Es muss also für alle $i \in \mathbb{N}$ gelten

$$
\begin{aligned}
f^{(i)}(x_0) &= T_f^{(i)}(x_0) \\
f^{(i)}(x_0) &= i! a_i \\
\Leftrightarrow a_i &= \frac{f^{(i)}(x_0)}{i!}.
\end{aligned}
$$

Wir können jetzt die Definition für die Taylor-Reihe von Funktionen einer Variablen formulieren.

Definition 4.2.3 (Taylor-Reihe). *Sei $\mathbb{I} \subset \mathbb{R}$ ein Intervall und $f \in \mathcal{C}^\infty(\mathbb{I})$ eine beliebig oft differenzierbare Funktion. Sei ferner $x_0 \in \mathbb{I}$, dann heißt die unendliche Reihe*

$$T_f(x) := \sum_{i=0}^{\infty} \frac{f^{(i)}(x_0)}{i!} (x - x_0)^i$$

die Taylor-Reihe *von f mit Entwicklungspunkt x_0.*

Definition 4.2.4 (Taylor-Polynom). *Die n-te Partialsumme T_{f_n} der Taylor-Reihe T_f mit*

$$T_{f_n}(x) := \sum_{i=0}^{n} \frac{f^{(i)}(x_0)}{i!} (x - x_0)^i$$

heißt n-tes Taylor-Polynom.
$T_1(x) = f(x_0) + f'(x_0)(x - x_0)$ *heißt* Linearisierung *von f an der Stelle x_0.*

Bemerkung. Setzt man $x_0 = 0$, wird die Taylor-Reihe auch Maclaurin-Reihe genannt.

Bemerkung. *Existiert ein Intervall $U \in D_f$, so dass*

$$\lim_{n \to \infty} T_{f_n}(x) = f(x) \ \forall \ x \in U,$$

dann kann $f|_U$ mit T_f identifiziert werden und man schreibt $f(x) = T_f(x)$.
$r := \frac{1}{2}\mathrm{diam}(U)$ *heißt Konvergenzradius von T_f.*

Beispiele:

1. $f(x) = e^x$ mit $x_0 = 0$:

$$e^x = \sum_{i=0}^{\infty} \frac{(e^0)^{(i)}}{i!} x^i \qquad | \ (e^x)^{(i)} = e^x \ \forall i \in \mathbb{N}$$

$$\Rightarrow e^x = \sum_{i=0}^{\infty} \frac{x^i}{i!}$$

2. $f(x) = \sin x$ mit $x_0 = 0$:

$$\sin x = \sum_{i=0}^{\infty} \frac{(\sin 0)^{(i)}}{i!} x^i \qquad | \ (\sin x)' = \cos x, \ (\cos x)' = -\sin x$$

$$\Rightarrow \sin x = \frac{\sin 0}{0!} x^0 + \frac{\cos 0}{1!} x - \frac{\sin 0}{2!} x^2 - \frac{\cos 0}{3!} x^3 \pm \ldots = x - \frac{x^3}{3!} + \frac{x^5}{5!} \mp \ldots$$

$$\Leftrightarrow \sin x = \sum_{i=0}^{\infty} \frac{(-1)^i x^{2i+1}}{(2i+1)!}$$

3. $f(x) = \cos x$ mit $x_0 = 0$:

$$\cos x = \sum_{i=0}^{\infty} \frac{(\cos 0)^{(i)}}{i!} x^i$$

$$\Rightarrow \cos x = \frac{\cos 0}{0!} x^0 - \frac{\sin 0}{1!} x - \frac{\cos 0}{2!} x^2 + \frac{\sin 0}{3!} x^3 \mp \ldots = 1 - \frac{x^2}{2!} + \frac{x^4}{4!} \mp \ldots$$

$$\Leftrightarrow \cos x = \sum_{i=0}^{\infty} \frac{(-1)^i x^{2i}}{(2i)!}$$

4. Für $x \ll 1$ ergeben sich aus den Linearisierungen folgende Approximationen, die häufig in den Naturwissenschaften verwendet werden:

$$(1+x)^n \approx 1 + nx$$
$$\ln(1+x) \approx x$$
$$\sin x \approx x$$

Eigenschaften der Taylor-Reihe

Die Taylor-Reihe ist eine Potenzreihe in x. Weder kann ihre Konvergenz vorausgesetzt werden, noch muss sie in ihrem Konvergenzbereich mit f übereinstimmen. Die Gleichung

$$f(x) = \sum_{i=0}^{\infty} \frac{f^{(i)}(x_0)}{i!} (x - x_0)^i$$

gilt nicht unbedingt für alle $x \in \mathbb{I}$, sondern nur dort, wo die Potenzreihe konvergiert und denselben Wert wie $f(x)$ hat. Den Namen *Taylor-Reihe* trägt sie aber unabhängig von ihrer Konvergenz.

- Die Taylor-Reihe konvergiert genau für diejenigen $x \in \mathbb{I}$ gegen $f(x)$, für die das Restglied $R_k(x) := f(x) - T_{f_k}(x)$ gegen 0 konvergiert.

- Ist f selbst eine Potenzreihe mit Entwicklungspunkt x_0, dann stimmt die Taylorreihe mit dieser Potenzreihe überein.

- Die Taylorpolynome sind Partialsummen der Taylor-Reihe. Falls die Taylor-Reihe gegen f konvergiert, dann sind höhere Taylorpolynome automatisch bessere Näherungen, da ihre Restglieder kleiner sind.

4.3 Anwendungen der Differentialrechnung

4.3.1 Kurvendiskussion

Viele Eigenschaften einer Funktion spiegeln sich in ihren Ableitungen wider. So kann das Auftreten von lokalen Extrema und die Monotonie mithilfe der Ableitung untersucht werden. Zunächst wollen wir uns mit Maxima und Minima beschäftigen:

Extrema (Maxima und Minima):

Extremum ist der gemeinsame Oberbegriff für Minimum und Maximum.

Definition 4.3.1. *Sei $f :]a, b[\longrightarrow \mathbb{R}$ ein Funktion. f hat in $x \in]a, b[$ ein lokales Maximum (Minimum), wenn ein $\epsilon > 0$ existiert, so dass $f(x) \geq f(\xi)$ (bzw. $f(x) \leq f(\xi)$) für alle ξ mit $|x - \xi| < \epsilon$.*

Trifft in der letzten Zeile das Gleichheitszeichen nur $\xi = x$ zu, dann nennt man x ein *isoliertes lokales Maximum (Minimum)*.

Satz 4.3.1. *Die differenzierbare Funktion $f :]a, b[\longrightarrow \mathbb{R}$ besitze im Punkt $x \in]a, b[$ ein lokales Extremum. Dann ist $f'(x) = 0$.*

Beweis: f besitze in x ein lokales Maximum. Dann existiert ein $\epsilon > 0$, so dass $]x - \epsilon, \, x + \epsilon[\subset]a, b[$ und

$$f(\xi) \leq f(x) \; \forall \, \xi \in]x - \epsilon, \, x + \epsilon[.$$

Daraus folgt

$$f'_+(x) = \lim_{\xi \searrow x} \frac{f(\xi) - f(x)}{\xi - x} \leq 0$$

$$f'_-(x) = \lim_{\xi \nearrow x} \frac{f(\xi) - f(x)}{\xi - x} \geq 0$$

Da f in x differenzierbar ist, gilt $f'_-(x) = f'_+(x)$. Also muss $f'(x) = 0$ sein.
Der Beweis für ein lokales Minimum ist analog.

Bemerkung:
Satz 4.3.1 liefert das notwendige Kriterium für Extremalpunkte:

> **Besitzt eine differenzierbare Funktion f an der Stelle x_e einen Extremalpunkt, so hat die Funktion der ersten Ableitung f$'$ bei x_e eine Nullstelle.**

Weitere Bemerkungen:

1. $f'(x) = 0$ ist ein notwendiges aber keinesfalls ein hinreichendes Kriterium für ein lokales Extremum. Für die Funktion $f(x) = x^3$ gilt zwar $f'(0) = 0$. Jedoch besitzt f bei $x = 0$ kein lokales Extremum.

2. Jede in einem Interval stetige Funktion $f : [a, b] \longrightarrow \mathbb{R}$ nimmt ihr absolutes Maximum und absolutges Minimum an. Liegt ein Extremum jedoch am Rand des Intervals, dann muss $f'(x)$ nicht notwendigerweise 0 sein. Dies zeigt z.B. die Funktion

$$f : [0, 1] \longrightarrow [0, 1]$$
$$x \longmapsto x.$$

Satz 4.3.2 (Satz von Rolle). *Sei $a < b$ und $f : [a, b] \longrightarrow \mathbb{R}$ eine stetige Funktion mit $f(a) = f(b)$. Die Funktion sei in $]a, b[$ differenzierbar. Dann existiert ein $\xi \in]a, b[$ mit $f'(\xi) = 0$.*

Insbesondere sagt der Satz von Rolle, dass zwischen zwei Nullstellen einer differenzierbaren Funktion eine Nullstelle ihrer Ableitung liegt.

Beweis: Falls f konstant ist, ist der Satz triveal. Ist f nicht konstant, so gibt es ein $x_0 \in]a, b[$, mit $f(x_0) > f(a)$ oder $f(x_0) < f(a)$. Dann wird das absolute Maximum (bzw. Minimum) der Funktion $f : [a, b] \longrightarrow \mathbb{R}$ in einem Punkt $\xi \in]a, b[$ angenommen. Nach Satz 4.3.1 ist dann $f'(\xi) = 0$, q.e.d.

Satz 4.3.3 (Mittelwertsatz). *Sei $a < b$ und $f : [a, b] \to \mathbb{R}$ eine stetige Funktion, die in $]a, b[$ differenzierbar ist. Dann existiert ein $\xi \in]a, b[$, so dass*

$$\frac{f(b) - f(a)}{b - a} = f'(\xi).$$

Geometrisch bedeutet der Mittelwertsatz, dass die Steigung der Sekante durch die Punkte $(a|f(a))$ und $(b|f(b))$ gleich der Tangentensteigung des Grafen von f an einer gewissen Zwischenstelle $(\xi|f(\xi))$ ist. (siehe Abb. 1)

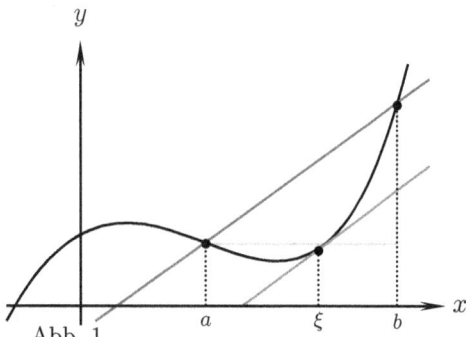

Abb. 1

Beweis: Wir definieren eine Hilfsfunktion $F : [a, b] \to \mathbb{R}$ durch

$$F(x) = f(x) - \frac{f(b) - f(a)}{b - a} (x - a)$$

F ist stetig in $[a, b]$ und differenzierbar in $]a, b[$. Da $F(a) = f(a) = F(b)$, existiert nach Satz 4.3.2 ein $\xi \in]a, b[$ mit $F'(\xi) = 0$. Da

$$F'(x) = f'(x) - \frac{f(b) - f(a)}{b - a} \, ,$$

folgt die Behauptung.

Satz 4.3.4. *Sei $f : [a, b] \longrightarrow \mathbb{R}$ stetig und in $]a, b[$ differenzierbar. Wenn für alle $x \in]a, b[$ gilt $f'(x) \geq 0$ (bzw. $f'(x) > 0$), dann ist f in $[a, b]$ monoton wachsend (bzw. streng monoton wachsend).*

Entsprechend ist f monoton fallend (bzw. streng monoton fallend) in $[a, b]$, falls $f'(x) \leq 0$ (bzw. $f'(x) < 0$) in $]a, b[$ ist.

Direkt aus Definition 4.3.1 und dem Beweis zu Satz 4.3.1 folgt:
Sei $a < b$ und $f : [a, b] \longrightarrow \mathbb{R}$ eine in $]a, b[$ zweimal differenzierbare Funktion. Ferner existiere ein $\xi \in]a, b[$ mit $f'(\xi) = 0$. Bei $x = \xi$ liegt genau dann ein Maximum (Minimum), falls $f''(\xi) < 0$ ($f''(\xi) > 0$).
Damit haben wir ein hinreichendes Kriterium für ein lokales Maximum (Minimum) gefunden.

> **Besitzt eine zweimal differenzierbare Funktion f an der Stelle x_M (x_m) ein lokales Maximum (Minimum), so hat die Funktion der ersten Ableitung f' bei x_M (x_m) eine Nullstelle und es gilt $f''(x_M) < 0$ ($f''(x_m) > 0$).**

Bemerkung. *Hebt man die Beschränkung des Grades der Differenzierbarkeit auf, verliert das hinreichende Kriterium i.A. seine Gültigkeit. Stattdessen liefert das Monotonieverhalten eine sichere Aussage. (Siehe Beweis zu Satz 4.3.1)*

Beispiel: *Man betrachte die Funktion $f(x) = x^4$. Bei $x = 0$ liegt ein absolutes Minimum. Allerdings ist $f'(0) = 4 \cdot 0^3 = 0$ und $f''(0) = 12 \cdot 0^2 = 0$.*

Wendepunkte:

Unter einem Wendepunkt $W(x_W | f(x_W))$ einer Funktion $f : [a, b] \longrightarrow \mathbb{R}$ versteht man einen Punkt auf dessen Funktionsgraphen Γ_f, an welchem der Graph sein Krümmungsverhalten ändert. Der Graph wechselt hier entweder von einer Rechts- in einer Linkskurve oder umgekehrt. Dieser Wechsel wird auch Bogenwechsel genannt.
Ein Wendepunkt zeichnet sich durch die Eigenschaft aus, dass in ihm die Steigung einen Extremwert annimmt. D.h. das notwendige Kriterium für einen Wendepunkt erhalten wir durch die Anwendung des Satzes 4.3.1 auf die 1. Ableitung von f. Das hinreichende Kriterium folgt dann unmittelbar aus dem der Minima und Maxima und lautet wie folgt:

> **Besitzt eine dreimal differenzierbare Funktion f an der Stelle x_w einen Wendepunkt, so hat die Funktion der zweiten Ableitung f'' bei x_w eine Nullstelle. Für die dritte Ableitung gilt dann $f'''(x_w) \neq 0$.**

Bemerkung 1: Aus dem Satz von Rolle (Satz 4.3.2) folgt unmittelbar, dass wischen zwei Extremalpunkten ein Wendepunkt liegt. Die Umkehrung dieser Implikation gilt i.A. nicht.

Bemerkung 2: Hebt man die Beschränkung des Grades der Differenzierbarkeit auf, verliert das hinreichende Kriterium i.A. seine Gültigkeit. Stattdessen ist es sinnvoll die Bedingung $f'''(x_w) \neq 0$ durch die eines Vorzeichenwechsels von $f''(x)$ bei $x = x_w$ zu ersetzen.

Sattelpunkte:

Unter einem Sattelpunkt $S\big(x_s|f(x_s)\big)$ einer Funktion $f : [a,b] \longrightarrow \mathbb{R}$ versteht man einen Wendepunkt mit der besonderen Eigenschaft, dass die erste Ableitung bei $x = x_s$ eine Nullstelle hat, also $f'(x_s) = 0$. Somit können wir das hinreichende Kriterium für einen Sattelpunkt direkt formulieren:

> **Besitzt eine dreimal differenzierbare Funktion f an der Stelle x_s einen Sattelpunkt, so hat die Funktion der ersten und zweiten Ableitung bei x_s eine Nullstelle. Für die dritte Ableitung gilt $f'''(x_s) \neq 0$.**

Zusammenfassung der Kriteria:

Extremalpunkt	notwendiges Kriterium	hinreichendes Kriterium
Minimum	$f'(x_m) = 0$	$f'(x_m) = 0 \ \wedge \ f''(x_m) > 0$
Maximum	$f'(x_M) = 0$	$f'(x_M) = 0 \ \wedge \ f''(x_M) < 0$
Wendepunkt	$f''(x_w) = 0$	$f''(x_w) = 0 \ \wedge \ f'''(x_w) \neq 0$
Sattelpunkt	$f'(x_s) = f''(x_s) = 0$	$f'(x_s) = f''(x_s) = 0 \ \wedge \ f'''(x_s) \neq 0$

Liefert die Anwendung der hinreichenden Kriteria in der oben dargestellten Form keine eindeutige Aussage ($f^{(n)}(x) = 0$ für $n \geq 2$) so können wir uns mit dem *Vorzeichenwechselkriterium* behelfen. Für die Extramalpunkte gilt dann: Sei $\epsilon > 0$, dann ist für

Extremalpunkt	hinreichendes Kriterium
Minimum	$f'(x_m) = 0 \ \wedge \ f'(x_m - \epsilon) < 0 \ \wedge \ f'(x_m + \epsilon) > 0$
Maximum	$f'(x_M) = 0 \ \wedge \ f'(x_M - \epsilon) > 0 \ \wedge \ f'(x_M + \epsilon) < 0$
Wendepunkt	$f''(x_w) = 0 \ \wedge \ \pm f''(x_w - \epsilon) < 0 \ \wedge \ \pm f''(x_w + \epsilon) > 0$
Sattelpunkt	$f'(x_s) = f''(x_s) = 0 \ \wedge \ \pm f''(x_w - \epsilon) < 0 \ \wedge \ \pm f''(x_w + \epsilon) > 0$

Bei einer Kurvendiskussion sind folgende Punkte abzuarbeiten:

1. **Bestimmung des Definitions- und Wertebereichs von f**

2. **Schnittpunkt mit Abszisse und Ordinate:**
   Ein Funktionsgraph schneidet die Ordinate im Punkt $S_y\big(0|f(0)\big)$ und die Absisse in den Punkt(en) $S_x(x_n|0)$, $n = 1, 2, 3, \ldots$ Hieraus leiten sich die Gleichungen ab, die es zu lösen gilt.

3. **Bestimmung der Symmetrie:**
   Falls f achsensymmetrisch zur Symmetrieachse $x = a$ ist, ist $f(2a - x) = f(x)$ nachzuweisen; bei Punktsymmetrie zum Symmetriepunkt $S(a|b)$ ist $2b - f(2a - x) = f(x)$ nachzuweisen. In der Schulmathematik wird meistens nur auf Symmetrie bzgl. der Koordinatenachsen und des Koordinatenursprungs untersucht.

4. **Verhalten im Unendlichen:**
   Zu untersuchen ist $\lim\limits_{x \to \infty} f(x)$ und $\lim\limits_{x \to -\infty} f(x)$.

5. **Bestimmung eventuell vorkommender Polstellen:**
   Polstellen x_p sind Werte, bei denen eine Funktion $f : \mathbb{R} \to \mathbb{R}$ divergiert. Falls f der Form $f(x) = \frac{z(x)}{n(x)}$ entspricht, ist hierfür nach den Nullstellen von $n(x)$ zu suchen. x_p ist genau dann eine Polstelle, falls gilt $n(x_p) = 0 \ \wedge \ z(x_p) \neq 0$.

6. **Bestimmung der Extremalpunkte, Wendepunkte und Sattelpunkte**
   Siehe „Zusammenfassung der Kriteria"

7. **Bestimmung der Monotonie:**
   Beschreibung des Steigungsverhaltens der Funktion

8. **Anfertigung einer Skizze des Funktionsgraphen**

Beispiel:

Als Beispiel betrachten wir die Wahrscheinlichkeitsdichtefunktion

$$f(x) = \frac{1}{\sigma\sqrt{2\pi}} \, e^{-\frac{1}{2}\left(\frac{x-\mu}{\sigma}\right)^2},$$

mit $\mu \in \mathbb{R}$ und $\sigma \in \mathbb{R}^+ \backslash \{0\}$. Sie wird auch Gaußsche Glockenfunktion genannt.

1. **Definitions- und Wertebereich:**
   Offensichtlich ist $D_f = \mathbb{R}$. Da f maximal wird, wenn der Exponent verschwindet und

$$e^{-\frac{1}{2}\left(\frac{x-\mu}{\sigma}\right)^2} \neq 0 \ \forall \ x \in \mathbb{R}$$

   ist, besitzt f den Wertebereich $\mathrm{Im}_f = \left]0, \frac{1}{\sigma\sqrt{2\pi}}\right]$.

2. **Schnittpunkte mit den Koordinatenachsen:**
   Wie in Punkt 1 schon erwähnt besitzt die Exponentialfunktion keine Nullstellen. D.h. $S_x(x|0) \notin \Gamma_f \ \forall \ x \in \mathbb{R}$.
   Schnittpunkt $S_y\big(0|f(0)\big)$ mit der Ordinate:

$$f(0) = \frac{1}{\sigma\sqrt{2\pi}} \, e^{-\frac{1}{2}\left(\frac{0-\mu}{\sigma}\right)^2} = \frac{1}{\sigma\sqrt{2\pi}} \, e^{-\frac{1}{2}\left(\frac{\mu}{\sigma}\right)^2}$$

3. **Symmetrieeigenschaften:**
   Da sich die Funktionsvariable nur im Exponenten befindet, genügt es, den Exponenten auf Symmetrie zu untersuchen:
   Vermutung: $\exp\left(\left(\frac{x-\mu}{\sigma}\right)^2\right)$ ist achsensymmetrisch zu $x = \mu$. Es muss also $f(2\mu - x) = f(x)$ gelten.

$$\exp\left(\left(\frac{2\mu - x - \mu}{\sigma}\right)^2\right) = \exp\left(\left(\frac{\mu - x}{\sigma}\right)^2\right) = \exp\left(\left(\frac{x-\mu}{\sigma}\right)^2\right)$$

Damit ist die Achsensymmetrie von f nachgewiesen.

4. **Verhalten im Unendlichen:**

Da $(x - \mu)^2$ symmetrisch um μ ist, folgt $\lim\limits_{x \to +\infty} f(x) = \lim\limits_{x \to -\infty} f(x)$. Es genügt also o.B.d.A. den Fall $\lim\limits_{x \to +\infty} f(x)$ zu betrachten.

Es gilt

$$\lim_{x \to \infty} \frac{1}{\sigma\sqrt{2\pi}} e^{-\frac{1}{2}\left(\frac{x-\mu}{\sigma}\right)^2} = 0.$$

5. **Polstellen:**

Da der Exponent $-\frac{1}{2}\left(\frac{x-\mu}{\sigma}\right)^2$ von f auf ganz $\mathbb{R}$ stetig ist, besitzt f keine Polstelle.

6. **Extremalpunkte und Wendepunkte:**

Zunächst bestimmen wir die ersten beiden Ableitungen von f:

$$f'(x) \;=\; \frac{\mu - x}{\sigma^3\sqrt{2\pi}} e^{-\frac{1}{2}\left(\frac{x-\mu}{\sigma}\right)^2}$$

$$f''(x) \;=\; \left(\left(\frac{x-\mu}{\sigma}\right)^2 - 1\right) \frac{e^{-\frac{1}{2}\left(\frac{x-\mu}{\sigma}\right)^2}}{\sigma^3\sqrt{2\pi}}$$

Bestimmung der Extremalpunkte:

$$0 \;=\; f'(x)$$
$$\Rightarrow 0 \;=\; \frac{\mu - x}{\sigma^3\sqrt{2\pi}} e^{-\frac{1}{2}\left(\frac{x-\mu}{\sigma}\right)^2}$$
$$\Leftrightarrow 0 \;=\; x - \mu \;\Leftrightarrow\; x = \mu$$

Bei $x = \mu$ liegt das Extremum. Wir setzen dies in die zweite Ableitung, um die Art des Extremums zu bestimmen:

$$f''(\mu) = \left(\left(\frac{\mu-\mu}{\sigma}\right)^2 - 1\right) \frac{e^{-\frac{1}{2}\left(\frac{\mu-\mu}{\sigma}\right)^2}}{\sigma^3\sqrt{2\pi}} = -\frac{1}{\sigma^3\sqrt{2\pi}} < 0$$

Bei $x = \mu$ liegt also ein absolutes Maximum, da zudem $f(x) < f(\mu) \;\forall\; x \in \mathbb{R}\backslash\{\mu\}$ ist.

Bestimmung der Wendepunkte:

$$0 \;=\; f''(x)$$
$$\Rightarrow 0 \;=\; \left(\left(\frac{x-\mu}{\sigma}\right)^2 - 1\right) \frac{e^{-\frac{1}{2}\left(\frac{x-\mu}{\sigma}\right)^2}}{\sigma^3\sqrt{2\pi}}$$
$$\Leftrightarrow \sigma^2 \;=\; (x-\mu)^2 \;\Leftrightarrow\; |x - \mu| = \sigma$$
$$\Rightarrow x_1 = \mu - \sigma \quad \wedge \quad x_2 = \mu + \sigma$$

Die Wendepunkte liegen bei $x_1 = \mu - \sigma$ und $x_2 = \mu + \sigma$.

Bemerkung: Der Parameter μ heißt Erwartungswert; σ wird als Standardabweichung bezeichnet.

7. **Monotonie:**

Wir betrachten uns für die Analyse des Steigungsverhaltens die 1. Ableitung von f:

$$f'(x) = \frac{\mu - x}{\sigma^3 \sqrt{2\pi}} \, e^{-\frac{1}{2}\left(\frac{x-\mu}{\sigma}\right)^2}$$

Es ist leicht zu sehen, dass

$$f'(x) \begin{cases} > 0 \text{ für } x < \mu \\ < 0 \text{ für } x > \mu \end{cases}$$

f ist also streng monoton wachsend für $x < \mu$ und streng monoton fallend für $x > \mu$.

8. **Skizze:**

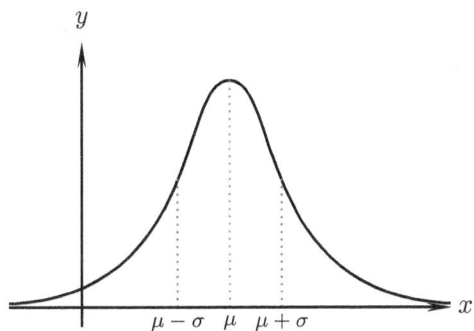

4.3.2 Extremwertprobleme

Extremwertprobleme stellen sich folgendermaßen dar. Es gibt ein Problem, welches sich durch eine Gleichung der Form

$$\begin{aligned} p : \mathbb{R}^n &\longrightarrow \mathbb{R} \\ (x_1, \dots, x_n) &\longmapsto p(x_1, \dots, x_n) \end{aligned}$$

darstellen lässt. Diese Gleichung heißt *Hauptbedingung* des zu lösenden Problems. Es besitzt n Variablen, die allerdings nicht alle voneinander unabhängig sind, sondern durch k Funktionen zueinander in Beziehung stehen. Sie werden *Nebenbedingungen* des Problems p genannt. Unser Ziel ist es, die k Variablen zu eliminieren und die Hauptbedingung in folgende Form zu bringen: Es gibt $f_i(\varphi), i \in \{1, \dots, k\}$, derart dass

$$x_1 = f(\varphi_1), \ x_2 = f_2(\varphi_1), \ \dots, x_k = f_k(\varphi_1), x_{k+1} = \varphi_2, \ \dots, x_n = \varphi_{n-k},$$

so dass gilt

$$p = \tilde{p}(\varphi_1, \varphi_2, \dots, \varphi_{n-k}).$$

Wir haben also einen Ausdruck gefunden, der unser Problem p beschreibt und nur noch $n - k$ unabhängige Variablen besitzt. Mithilfe der bereits gefundenen Kriterien für Extremalpunkte einer beliebigen differenzierbaren Funktion, können wir jetzt das Problem lösen, indem wir nach den φ_i ableiten und die restlichen Funktionsvariablen „festhalten". Sie haben für die Ableitung dann die Bedeutung von konstanten Parametern wie bei Funktionenscharen. (Dies wird durch die Verwendung des Zeichens ∂ statt des d verdeutlicht.) Hierdurch erhalten wir ein Gleichungssystem der Form

$$\frac{\partial \tilde{p}(\varphi_1, \ldots, \varphi_{n-k})}{\partial \varphi_1} = 0$$

$$\frac{\partial \tilde{p}(\varphi_1, \ldots, \varphi_{n-k})}{\partial \varphi_2} = 0$$

$$\vdots$$

$$\frac{\partial \tilde{p}(\varphi_1, \ldots, \varphi_{n-k})}{\partial \varphi_{n-k}} = 0,$$

welches zu lösen ist. Der Differentialquotient $\frac{\partial \tilde{p}(\varphi_1, \ldots, \varphi_{n-k})}{\partial \varphi_i}$ heißt i-te *partielle Ableitung* von $\tilde{p}$.

In der Schulmathematik werden nur Extremwertprobleme der Form $p := p(x_1, x_2)$ betrachtet. Sie beschränken sich also auf eine Hauptbedingung und maximal zwei Nebenbedingungen, die von folgender Form sein können:

(1) $x_2 = \varphi(x_1)$ für eine Nebenbedingung

(2) $x_1 = \varphi_1(x) \ \wedge \ x_2 = \varphi_2(x)$ für zwei Nebenbedingungen

Dabei kann die Form (1) leicht in die allgemeinere Form (2) überführt werden, da nur $x := \varphi_1(x_1) = \mathrm{id}_{x_1} = x_1$ und $x_2 := \varphi(x) = \varphi_2(x)$ gesetzt werden muss. In beiden Fällen erhalten wir eine Funktion $\tilde{p}(x)$, die nur eine Funtionsvariable besitzt.

Folgend wollen wir ein paar solcher Extremwertprobleme lösen.

Problem 2. *Wie müssen die Seiten eines Rechtecks gewählt werden, damit sein Flächeninhalt maximal wird? Das Rechteck habe den Umfang U.*

Skizze:

Hauptbed.: $A = x_1 \cdot x_2$
Nebenbed.: $U = 2(x_1 + x_2)$
$\Leftrightarrow x_2 = \frac{U}{2} - x_1$

Nach Einsetzen der Nebenbedingung in die Hauptbedingung erhalten wir

$$A(x_1) = x_1 \left(\frac{U}{2} - x_1 \right) = \frac{U}{2} x_1 - x_1^2$$

mit ihren Ableitungen

$$A'(x_1) = \frac{U}{2} - 2x_1 \quad \text{und} \quad A''(x_1) = -2$$

Das Element der Lösungsmenge $\{x_1 \mid A'(x_1) = 0\}$ wird also ein Maximum beherbergen. Es gilt also

$$\frac{U}{2} - 2x_1 \Leftrightarrow x_1 = \frac{U}{4}$$

Die Nebenbedingung liefert uns x_2 und wir erhalten

$$x_2 = \frac{U}{2} - \frac{U}{4} = \frac{U}{4}.$$

Die Fläche ist also maximal, wenn $x_1 = x_2$. Die Seiten eines Quadrats umschließen also die größte Fläche.

Problem 3. *Es sei ein gleichschenkeliges Dreieck (A, B, C) in einer Parabel mit der Funktionsgleichung $f(x) = ax^2$ derart einbeschrieben, dass die Eckpunkte A und B auf dem Funktionsgrafen von f liegen und C sich im Punkt $C(0|y_0)$ befindet. Die Basis des Dreiecks weist dabei zur Absisse. Wie sind die Punkte A und B zu wählen, dass die Fläche des einbeschriebenen Dreiecks maximal wird?*

Skizze:

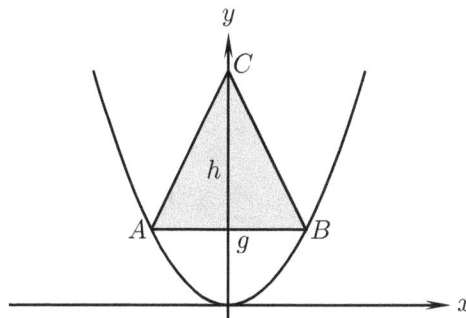

Da die Spitze des Dreiecks nach oben gerichtet sein soll, muss die Lösung im Intervall $\left[-\sqrt{\frac{y_0}{a}}, \sqrt{\frac{y_0}{a}}\right]$ liegen. Dies ist der Definitionsbereich D_f unserer Funktion f. Die Hauptbedingung ist hier die Flächenformel des Dreiecks $F = \frac{g \cdot h}{2}$, da sie die Funktion liefert, die wir zu betrachten haben.

Die erste Nebenbedingung ist hier die Funktion f, da die Eckpunkte A und B auf Γ_f liegen sollen. Die Achsensymmetrie von f liefert uns die zweite Nebenbedingung $g := g(x) = 2x$ und für die Höhe h des Dreiecks $h := h(x) = y_0 - f(x) = y_0 - ax^2$. Dies setzen wir in die Flächenformel ein und erhalten

$$F := F(x) = \frac{1}{2}g(x) \cdot h(x) = x(y_0 - ax^2) = -ax^3 + y_0 x.$$

Wir suchen das Maximum. Zu lösen ist also die Gleichung

$$0 = F'(x) = -3ax^2 + y_0 \ \Rightarrow \ x_{1,2} = \pm\sqrt{\frac{y_0}{3a}}$$

$F''(x) = -6ax$. Aus der Bedingung $F''(x_M) < 0$ für ein Maximum folgt $x_M = \sqrt{\frac{y_0}{3a}}$.

Die Fläche des einbeschriebenen Dreiecks nimmt also ihr Maximum an, wenn die Punkte folgendermaßen gewählt werden:

$$A\left(-\sqrt{\frac{y_0}{3a}}, \frac{y_0}{3}\right), \ B\left(\sqrt{\frac{y_0}{3a}}, \frac{y_0}{3}\right), \ \text{und } C(0, y_0)$$

Problem 4. *Ein Dreieck werde durch die Punkte $A(-2|0)$, $B(u|0)$ und*

$$P \in \Gamma_v := \left\{ (u,v) \in \mathbb{R}^2 \mid v = 2 - \frac{1}{2}u^2 \right\}$$

gebildet. Wenn sich das Dreieck um die Abszisse dreht, dann entsteht ein Kegel. Wie groß kann der Rauminhalt dieses Kegels höchstens werden?

Skizze:

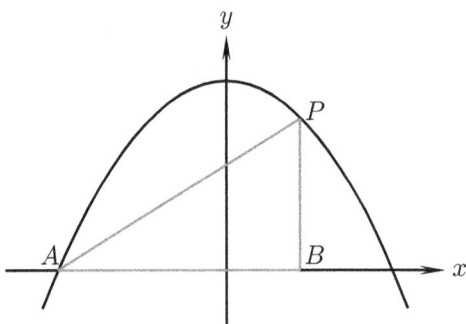

Zu untersuchen ist die Änderung des Kegelvolumens bei Variation der Punkte B und P. D.h. die Hauptbedingung erhalten wir aus der Volumenformel des Kegels

$$V_k = \frac{\pi}{3} r^2 h.$$

Es existieren zwei Nebenbedingungen:

1. $r(u) := 2 - \frac{1}{2}u^2$

2. $h(u) := u + 2$

Offensichtlich liegen die Nullstellen von $r(u)$ bei $u_1 = -2$ und $u_2 = 2$. Damit lässt sich $r(u)$ in seine Linearfaktoren zerlegen und besitzt folgende Form: $r(u) = -\frac{1}{2}(x-2)(x+2)$. Da nur Volumina > 0 für eine Lösung in Frage kommen, sind sinnvolle Werte daher nur im Intervall $]-2,2[$ zu erwarten.

Einsetzen der Nebenbedingung in die Hauptbedingung ergibt die Volumenfunktion

$$V(u) = \frac{\pi}{12}(x-2)^2(u+2)^3$$

O.b.d.A. können wir den Definitionsbereich auf $D_V :=\,]-2,2[$ beschränken.

Bestimmung des Maximums:

$$\begin{aligned}
V'(u) &= \frac{\pi}{12}\left[2(u-2)(u+2)^3 + 3(u+2)^2(u-2)^2\right] \\
&= \frac{\pi}{12}(u-2)(u+2)^2\left[2(u+2) + 3(u-2)\right] \\
&= \frac{5\pi}{12}\left(u - \frac{2}{5}\right)(u-2)(u+2)^2
\end{aligned}$$

$$V''(u) = \frac{5\pi}{12} \left\{ (u-2)(u+2)^2 + \left(u - \frac{2}{5}\right) \left[(u+2)^2 + 2(u-2)(u+2) \right] \right\}$$

$$= \frac{5\pi}{12} \left[(u-2)(u+2)^2 + \left(u - \frac{2}{5}\right)(u+2)(3u-2) \right]$$

$$= \frac{5\pi}{12}(u+2) \left[(u-2)(u+2) + 3\left(u - \frac{2}{5}\right)\left(u - \frac{2}{3}\right) \right].$$

Für ein Extremum gilt

$$V'(u) = 0 \Rightarrow 0 = \frac{5\pi}{12}\left(u - \frac{2}{5}\right)(u-2)(u+2)^2$$

$$\Leftrightarrow 0 = \left(u - \frac{2}{5}\right)(u-2)(u+2)^2$$

Damit erhalten wir drei Lösungen:
$u_1 = \frac{2}{5}$, $u_2 = 2$ und $U_3 = -2$.

u_2 und u_3 liegen nicht im Definitionsbereich von $v(u)$. Lediglich u_1 liegt im Definitionsbereich.
$V''\left(\frac{2}{5}\right) \approx -12,06 < 0 \Rightarrow$ bei $\frac{2}{5}$ liegt ein Maximum.
$V\left(\frac{2}{5}\right) \approx 9,26$ ist das maximale Volumen, das der Rotationskörper einnehmen kann.

Problem 5. *Aus einem Draht der Länge L soll ein Modell eines Quaders gefertigt werden. Wie sind die Seiten des Quaders zu wählen, damit des Volumen maximal wird?*

Skizze:

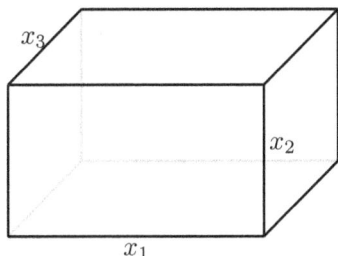

Hauptbed.: $V = x_1 \cdot x_2 \cdot x_3$
Nebenbed.: $L = 4(x_1 + x_2 + x_3)$
$\Leftrightarrow x_3 = \frac{L}{4} - x_1 - x_2$

Nach Einsetzen der Nebenbedingung in unsere Hauptbedingung erhalten wir folgende Volumenfunktion:

$$V := V(x_1, x_2) = x_1 x_2 \left(\frac{L}{4} - x_1 - x_2\right)$$

Wir haben es hier also mit einer Funktion mit zwei unabhängigen Funktionsvariablen zu tun und müssen die partiellen Ableitungen von V bestimmen:

$$\frac{\partial V(x_1, x_2)}{\partial x_1} = x_2\left(\frac{L}{4} - x_1 - x_2\right) - x_1 x_2$$

$$\frac{\partial V(x_1, x_2)}{\partial x_2} = x_1\left(\frac{L}{4} - x_1 - x_2\right) - x_1 x_2$$

Für ein Extremum müssen alle partiellen Ableitungen verschwinden, d.h. wir erhalten folgendes Gleichungssystem:

$$
\begin{vmatrix} x_2\left(\frac{L}{4}-x_1-x_2\right)-x_1x_2 &=& 0 \\ x_1\left(\frac{L}{4}-x_1-x_2\right)-x_1x_2 &=& 0 \end{vmatrix}
\Leftrightarrow
\begin{vmatrix} \frac{L}{4}-x_1-x_2-x_1 &=& 0 \\ \frac{L}{4}-x_1-x_2-x_2 &=& 0 \end{vmatrix}
$$

$$
\Leftrightarrow
\begin{vmatrix} \frac{L}{4}-2x_1-x_2 &=& 0 \\ \frac{L}{4}-x_1-2x_2 &=& 0 \end{vmatrix}
\Leftrightarrow
\begin{vmatrix} \frac{L}{4} &=& 2x_1+x_2 \\ \frac{L}{4} &=& x_1+2x_2 \end{vmatrix}
$$

$$
\Leftrightarrow
\begin{vmatrix} 2x_1+x_2 &=& x_1+2x_2 \\ \frac{L}{4} &=& x_1+2x_2 \end{vmatrix}
\Leftrightarrow
\begin{vmatrix} x_1 &=& x_2 \\ \frac{L}{4} &=& x_1+2x_2 \end{vmatrix}
\Leftrightarrow x_1=x_2=\frac{L}{12}
$$

Dies setzen wir in unsere Nebenbedingung ein, um x_3 zu berechnen und erhalten

$$
x_3=\frac{L}{4}-x_1-x_2=\frac{L}{4}-\frac{2L}{12}=\frac{L}{12}
$$

Das maximale Volumen wird also erreicht, wenn $x_1=x_2=x_3$ ist, also ein Quader geformt wird.

4.3.3 Das Newton-Verfahren

Das Newtonsche Näherungsverfahren, auch Newton-Raphsonsche Methode, (benannt nach Sir Isaac Newton 1669 und Joseph Raphson 1690) gehört zu den mathematischen Standardverfahren zur numerischen Lösung von nichtlinearen Gleichungen und Gleichungssystemen. Im Falle einer Gleichung mit einer Variablen lassen sich zu einer gegebenen stetig differenzierbaren Funktion $f:\mathbb{R}\longrightarrow\mathbb{R}$ Näherungswerte zu Lösungen der Gleichung $f(x)=0$, d.h. Näherungen der Nullstellen dieser Funktion finden. Die grundlegende Idee dieses Verfahrens ist, die Funktion in einem Ausgangspunkt zu linearisieren, d.h. ihre Tangente zu bestimmen, und die Nullstelle der Tangente als verbesserte Näherung der Nullstelle der Funktion zu verwenden. Die erhaltene Näherung kann wieder Ausgangspunkt für einen weiteren Verbesserungsschritt dienen. Diese Iteration wird so oft vollzogen, bis die Änderung der Näherungslösung eines Iterationsschritts zum Nächsten eine festgesetzte Schranke unterschreitet.

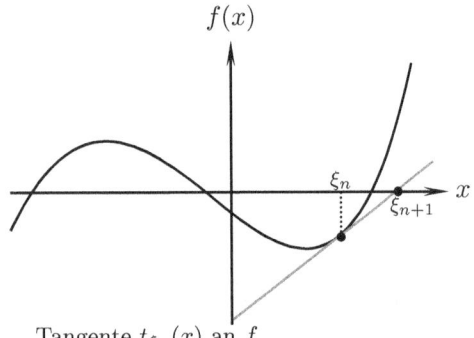

Tangente $t_{\xi_n}(x)$ an f

Konkret bedeutet das: Sei $f:\mathbb{R}\longrightarrow\mathbb{R}$ eine stetig differenzierbare, reelle Funktion, von der wir eine Stelle ξ_n im Definitionsbereich mit „kleinem" Funktionswert kennen. Wir wollen einen Punkt ξ_{n+1} nahe ξ_n finden, der eine verbesserte Näherung der Nullstelle darstellt. Dazu linearisieren wir die Funktion f an der Stelle ξ_n, d.h. wir ersetzen sie durch ihre Tangente im Punkt $P(\xi_n;f(\xi_n))$ mit der Steigung $f'(\xi_n)$. Die Tangente $t_{\xi_n}(x)$ ist gegeben durch

$$
t_{\xi_n}(x):=f'(\xi_n)(x-\xi_n)+f(\xi_n)
$$

Wir ermitteln die Nullstelle dieser Tangente, um den nächsten Iterationspunkt zu erhalten. Es ist also die Gleichung $t_{\xi_n}(\xi_{n+1}) = 0$ zu lösen.

$$
\begin{aligned}
f'(\xi_n)(\xi_{n+1} - \xi_n) + f(\xi_n) &= 0 \\
\Leftrightarrow \xi_{n+1} - \xi_n &= -\frac{f(\xi_n)}{f'(\xi_n)} \\
\Leftrightarrow \xi_{n+1} &= \xi_n - \frac{f(\xi_n)}{f'(\xi_n)} =: N_f(\xi_n)
\end{aligned}
$$

Wenden wir diese Konstruktion mehrfach an, so erhalten wir aus einer ersten Stelle ξ_0 eine unendliche Folge von Stellen $(\xi_n)_{n\in\mathbb{N}}$, die durch die Rekursionsvorschrift $\xi_{n+1} = N_f(\xi_n)$ definiert ist. Diese Vorschrift wird auch als Newton-Iteration bezeichnet, die Abbildung N_f als Newton-Operator. Die Newton-Iteration ist eine lokal konvergente Fixpunktiteration , da ihre Konvergenz stark vom gewählten Startpunkt abhängen kann.
Falls die Folge gegen $\xi := \lim_{n\to\infty} \xi_n$ konvergiert, dann gilt

$$
\xi = N_f(\xi) = \xi - \frac{f(\xi)}{f'(\xi)} \text{ und daher } f(\xi) = 0.
$$

Die Kunst der Anwendung des Newtonverfahrens besteht darin, geeignete Startwerte ξ_0 zu finden. Je mehr über die Funktion f bekannt ist, desto kleiner lässt sich die notwendige Menge von Startwerten gestalten.

Viele nichtlineare Gleichungen haben mehrere Lösungen, so hat ein Polynom n-ten Grades bis zu n Nullstellen. Will man alle Nullstellen in einem bestimmten Bereich $D \subset \mathbb{R}$ ermitteln, so müssen mehrere Startwerte in D ausprobiert werden. Für jeden wird die Newton-Iteration durchgeführt und auf Konvergenz bzw. Divergenz geprüft.

Beispiel: Berechnung der Quadratwurzel

Es soll die Quadratwurzel einer Zahl $a > 0$ berechnet werden. Es gilt also $x = \sqrt{a}$ zu lösen. Quadration beider Seiten ergibt $x^2 = a \Leftrightarrow 1 - \frac{a}{x^2} = f(x)$. Die Quadratwurzel ist also gegeben durch die Nullstelle von f. Die Ableitung ist $f'(x) = \frac{2a}{x^3}$. Somit ist der Newton-Operator gegeben durch

$$
\begin{aligned}
N_f(x) &= x - \frac{1 - \frac{a}{x^2}}{\frac{2a}{x^3}} = x - \frac{x^3 - ax}{2a} \\
&= x - \frac{x^3}{2a} + \frac{x}{2} \\
\Leftrightarrow N_f(x) &= \frac{x}{2}\left(3 - \frac{x^2}{a}\right)
\end{aligned}
$$

Die Rekursionsvorschrift lautet also

$$
x_{n+1} = \frac{x_n}{2}\left(3 - \frac{x_n^2}{a}\right)
$$

Der Vorteil dieser Vorschrift ist, dass es divisionsfrei ist, sobald einmal der Kehrwert von a bestimmt wurde. Als Startwert wurde in der Tabelle $x_0 := \frac{1+a}{2}$ gewählt. Die Iterierten wurden an der ersten ungenauen Stelle abgeschnitten. Es ist zu erkennen, dass nach wenigen Schritten die Anzahl gültiger Stellen schnell wächst.

n	x_n bei $a = 3$
0	2
1	1,6
2	1,72
3	1.73203
4	1.7320508074
5	1.7320508075688772935
6	1.7320508075688772935274463415058723669426
7	1.7320508075688772935274463415058723669428
8	1.7320508075688772935274463415058723669428

Konvergenz der Newton-Iteration

Das Newton-Verfahren ist ein so genanntes lokal konvergentes Verfahren. Konvergenz der in der Newton-Iteration erzeugten Folge zu einer Nullstelle ist also nur garantiert, wenn der Startwert, d.h. das 0-te Glied der Folge, schon „ausreichend nahe" an der Nullstelle liegt. Ist der Startwert zu weit weg, kann alles passieren:

- Die Folge divergiert, die Folgenglieder entfernen sich über alle Grenzen.

- Die Folge divergiert, bleibt aber beschränkt. Sie kann z.B. periodisch werden, d.h. endlich viele Punkten wechseln sich in immer derselben Reihenfolge ab. Man sagt auch, dass die Folge oszilliert.

  Beispiel:
  Sei $f(x) = x^3 - 2x + 2$ gegeben. Als Newton-Operator erhalten wir dann

  $$N_f(x) = x - \frac{x^3 - 2x + 2}{3x^2 - 2}.$$

  Sei ferner als Startpunkt der Iteration $\xi_0 = 0$ gewählt. Wie man sich leicht überzeugt, ergibt $N_f(0) = 1$ und $N_f(1) = 0$. Wir erhalten also eine oszillierende Folge, die die Werte 0 und 1 annimmt.

- Die Folge konvergiert trotz der Distanz zur Nullstelle, kann jedoch, falls die Funktion mehrere Nullstellen hat, gegen eine andere als die gewünschte Nullstelle (falls man weiß, welche man will) konvergieren.

  Beispiel:
  Sei $f(x) = \sin x$. Dann ist der zugehörige Newton-Operator gegeben durch

  $$N_f(x) = x - \tan x.$$

  Es gibt nun ein $\xi_0 \in \left[\frac{\pi}{2}, 0\right]$ mit $\tan \xi_0 = 2\pi$. Wir erhalten dann eine divergente Folge $\xi_n = \xi_0 + 2\pi n$. Dies ist ein Beispiel für ein sehr instabiles Verhalten der Newton-Iteration, da sich ihr Verhalten hier bei geringer Variation des Startwertes ξ_0 sehr stark ändern kann.

4.3.4 Regel von de l'Hospital

Die Regel von de l'Hospital findet ihre Anwendung in der Grenzwertbestimmung von Funktionen, die nach Einsetzen des Grenzwertes x_0 oder $x \to \pm\infty$ die Gestalt $\frac{0}{0}$ oder $\frac{\infty}{\infty}$ annehmen. Es gilt

1. Die Funktionen f und g seien in einer Umgebung $U(x_0)$ von x_0 mit eventueller Ausnahme von x_0 differenzierbar. Des Weiteren sei $f(x_0) = g(x_0) = 0$ und $g'(x) \neq 0$ für $x \in U(x_0)\backslash\{x_0\}$. Dann folgt aus $\lim\limits_{x\to x_0} \frac{f'(x)}{g'(x)} = c$ auch $\lim\limits_{x\to x_0} \frac{f(x)}{g(x)} = c$.
   Die entsprechende Aussage gilt auch für für den Fall $\lim\limits_{x\to x_0} f(x) = \lim\limits_{x\to x_0} g(x) = \pm\infty$.

2. Sei $a > 0 \in \mathbb{R}$. Die Funktionen f und g seien für $x > a$ differenzierbar und es sei $\lim\limits_{x\to\infty} f(x) = \lim\limits_{x\to\infty} g(x) = 0$, sowie $\lim\limits_{x\to\infty} g'(x) \neq 0$. Dann folgt aus $\lim\limits_{x\to\infty} \frac{f'(x)}{g'(x)} = c$ auch $\lim\limits_{x\to\infty} \frac{f(x)}{g(x)} = c$.

Anwendungsbeispiele:

1. $\lim\limits_{x\to 0} \frac{\sin x}{x} = \lim\limits_{x\to 0} \cos x = 1$

2. $\lim\limits_{x\to 0} \frac{\cos x - 1}{x^2} = \lim\limits_{x\to 0} \frac{-\sin x}{2x} = \lim\limits_{x\to 0} \frac{-\cos x}{2} = \frac{1}{2}$

3. $\lim\limits_{x\to 0} \frac{\ln(x+1)}{x} = \lim\limits_{x\to 0} \frac{1}{x+1} = 1$

4. $\lim\limits_{x\searrow 0} x \ln x = \lim\limits_{x\searrow 0} \frac{\ln x}{\frac{1}{x}} = \lim\limits_{x\searrow 0} \frac{\frac{1}{x}}{-\frac{1}{x^2}} = \lim\limits_{x\searrow 0} (-x) = 0$
   Beachte, dass $D_{\ln} = \mathbb{R}^+$ ist.

Kapitel 5

Integralrechnung

Neben der Differentialrechnung ist das Integral die wichtigste Anwendung des Grenzwertbegriffs in der Analysis. In der Analysis gibt es zwei Integraldefinitionen, das Lebesgue-Integral und das Riemann-Integral. Im Folgenden werden wir uns nur auf die Betrachtung des Riemann-Integrals beschränken, da die Definition des Lebesgue-Integrals weit über das Schulniveau hinausgeht.

5.1 Das Riemann-Integral

Wir definieren das Integral zunächst für Treppenfunktionen, dem der elementargeometrische Flächeninhalt von Rechtecken zugrundeliegt. Hierfür werden noch keine Grenzwertbetrachtungen nötig sein. Das Integral für allgemeine, stetige Funktionen erhalten wir dann als approximative Annäherung über Treppenfunktionen. Den exakten Wert erhalten wir dann durch Grenzwertbildung und kommen dann zur Definition des Riemann-Integrals.

Gegeben sei eine stetige Funktion $f : \mathbb{R} \longrightarrow \mathbb{R}$. Es soll also die eingeschlossene Fläche zwischen dem Funktionsgraphen Γ_f und der Abszisse im abgeschlossenen Intervall $[a, b] \subset \mathbb{R}$ wie in der folgenden Skizze dargestellt berechnet werden.

Skizze:

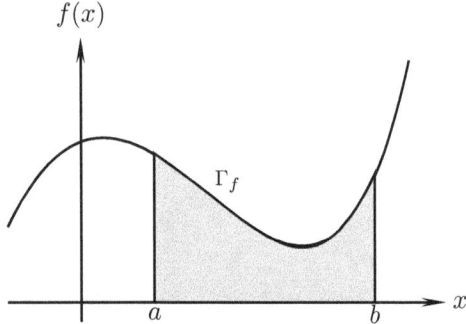

Hierfür benötigen wir noch einige Vorbereitungen:

Definition 5.1.1 (Treppenfunktion)**.** *Seien $a < b$ relle Zahlen. Eine Funktion $\varphi : [a, b] \longrightarrow \mathbb{R}$*

heißt Treppenfunktion, wenn es eine Unterteilung $a = x_0 < x_1 < x_2 < \ldots < x_{n-1} < x_n = b$
und Konstanten $c_0, c_1, \ldots, c_n$ gibt, so dass $\varphi(x) = c_k$ für alle $x \in]x_{k-1}, x_k[$ mit $1 \le k \le n$.
Die Funktionswerte $\varphi(x_k)$ in den Teilpunkten x_k sind dabei beliebig.
Die Menge aller Treppenfunktionen $\varphi : [a, b] \longrightarrow \mathbb{R}$ bezeichnen wir mit $T[a, b]$.

Wir können nun das Integral für Treppenfunktionen definieren.

Definition 5.1.2 (Integral für Treppenfunktionen). *Sei $\varphi \in T[a, b]$ definiert bzgl. der Unterteilung $a = x_0 < x_1 < x_2 < \ldots < x_{n-1} < x_n = b$ und $\varphi|_{]x_{k-1}, x_k[} = c_k$ für $1 \le k \le n$, dann setzt man*

$$\int_a^b \varphi(x)\,dx := \sum_{k=1}^n c_k(x_k - x_{k-1}).$$

Allerdings ist die geometrische Deutung des Integrals als Flächeninhalt nur dann korrekt, falls $\varphi \ge 0$ für alle $x \in [a, b]$. Denn falls $\varphi(x) < 0$ für mindestens ein $x \in [a, b]$, ist nämlich

$$\int_a^b \varphi(x)\,dx < \int_a^b |\varphi(x)|\,dx,$$

also kleiner als der Flächeninhalt. In folgender Skizze ist dieser Fall dargestellt.

Skizze:

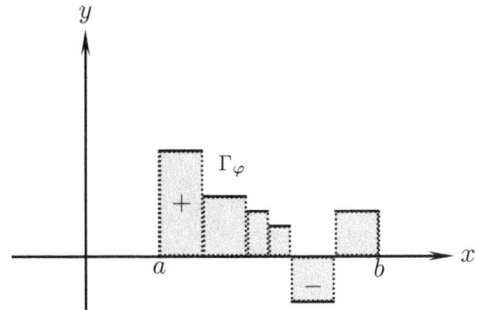

Wir wollen jetzt das Integral für beliebige, beschränkte Funktionen $f : \mathbb{R} \longrightarrow \mathbb{R}$ definieren, indem wir den Funktionsgraphen mit einer Treppenfunktion approximieren und somit den Integralbegriff auf den für Treppenfunktionen zurückführen. Hierfür definieren wir jetzt Ober- und Unterintegral von f. Im Folgenden sei φ eine Treppenfunktion:

Definition 5.1.3 (Oberintegral, Unterintegral). *Sei $f : \mathbb{R} \longrightarrow \mathbb{R}$ eine beliebige, beschränkte Funktion. Dann setzt man*

$$\int_a^{b*} f(x)\,dx := \inf\left\{ \int_a^b \varphi(x)\,dx : \varphi \in T[a, b] \mid \varphi \ge f \right\},$$

$$\int_{a*}^{b} f(x)\,dx := \sup\left\{ \int_a^b \varphi(x)\,dx : \varphi \in T[a, b] \mid \varphi \le f \right\}.$$

Zur Veranschaulichung der Definition von Ober- und Unterintegral soll dies in einer Skizze verdeutlicht werden:

Skizze:

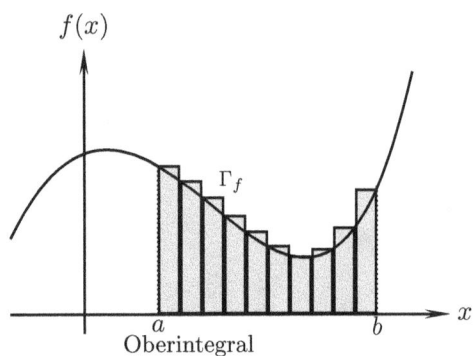 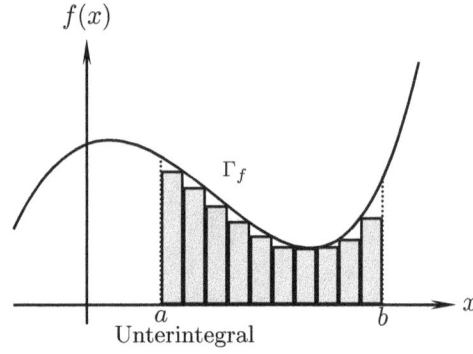

Beispiele

1. Für Treppenfunktionen $\varphi \in T[a,b]$ gilt

$$\int_a^{b*} \varphi(x)\,dx = \int_{a*}^{b} \varphi(x)\,dx = \int_a^b \varphi(x)\,dx$$

2. Sei $f : [0,1] \longrightarrow \mathbb{R}$ definiert durch

$$f(x) := \begin{cases} 1 & \text{für } x \in \mathbb{Q} \\ 0 & \text{für } x \in \mathbb{R}\backslash\mathbb{Q} \end{cases}.$$

Dann gilt $\displaystyle\int_0^{1*} f(x)\,dx = 1$ und $\displaystyle\int_{0*}^{1} f(x)\,dx = 0$.

Dies sieht man so: Jede rationale Zahl ist umgeben von irrationalen Zahlen und umgekehrt. Für jede Unterteilung von $[0,1]$ ist daher $\sup\{\varphi \in T[0,1] : \varphi \le f\} = 0$ und entsprechend $\inf\{\varphi \in T[0,1] : \varphi \ge f\} = 1$.

Bemerkung: Es gilt stets $\displaystyle\int_a^{b*} f(x)\,dx \ge \int_{a*}^{b} f(x)\,dx$.

Definition 5.1.4 (Riemann-Integral). *Eine Funktion* $f : [a,b] \longrightarrow \mathbb{R}$ *heißt* riemann-integrierbar *, falls*

$$\int_a^{b*} f(x)\,dx = \int_{a*}^{b} f(x)\,dx.$$

In diesem Fall setzt man $\displaystyle\int_a^b f(x)\,dx := \int_a^{b*} f(x)\,dx.$

Diese Definition des Integrals ergibt sich daraus, dass aus $\int^* f(x)\,dx \geq \int f(x)\,dx$ und $\int_* f(x)\,dx \leq \int f(x)\,dx$ und $\int_* f(x)\,dx = \int^* f(x)\,dx$ folgt, dass der gemeinsame Wert aus Ober- und Unterintegral gleich dem Wert des Integrals ist. Dies kann man bei stetigen Funktionen stets erreichen, wenn man den Grad der Unterteilung der Treppenfunktion beliebig hoch wählt.

Z.B. ist jede Treppenfunktion $\varphi \in T[a,b]$ riemann-integrierbar.

Satz 5.1.1. *Eine Funktion $f : [a,b] \longrightarrow \mathbb{R}$ ist genau dann riemann-integrierbar, wenn es zu jedem $\epsilon > 0$ Treppenfunktionen $\varphi, \psi \in T[a,b]$ mit $\varphi \leq f \leq \psi$ gibt, so dass*

$$\int\limits_a^b \psi(x)\,dx - \int\limits_a^b \varphi(x)\,dx \leq \epsilon.$$

Dies folgt aus der Definition von Infimum und Supremum.

5.1.1 Riemannsche Summen

Der Funktionsgraf Γ_f wird hier durch die $c_k := f(x_{k-1})$ approximiert und der Flächeninhalt unter dem Graphen durch die Summe aus den Flächeninhalten der Rechtecke der Höhe c_k und der Breite $x_k - x_{k-1}$ angenähert, wie in folgender Skizze dargestellt ist.

Skizze:

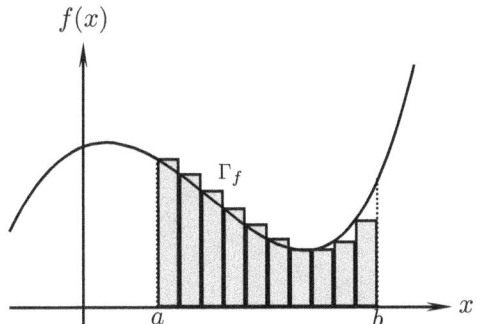

Dies geschieht mittels Riemannschen Summen, deren formale Definition folgend gegeben wird:

Definition 5.1.5 (Riemannsche Summe). *Sei $f : [a,b] \longrightarrow \mathbb{R}$ eine Funktion, $a = x_0 < x_1 < \ldots < x_n = b$ eine Unterteilung des Intervals $[a,b]$ und ξ_k ein beliebiger Punkt aus dem Intervall $[x_{k-1}, x_k]$. Dann heißt*

$$\sum_{k=1}^n f(\xi_k)(x_k - x_{k-1})$$

Riemannsche Summe der Funktion f bzgl. der Unterteilung $(x_k)_{0 \leq k \leq n}$ und den Stützstellen $(\xi_k)_{1 \leq k \leq n}$.

Die Feinheit η der Unterteilung $a = x_0 < x_1 < \ldots < x_n = b$ ist definiert als

$$\eta := \max_{1 \leq k \leq n} (x_k - x_{k-1}).$$

Es ist leicht einzusehen, dass die Riemannsche Summe von f gegen das Integral über f konvergiert, falls $\lim\limits_{n \to \infty} \eta = 0$.

Damit wir konkret mittels Riemenschneider Summen ein Integral über f berechnen können, ist es sinnvoll eine äquidistante Unterteilung von $[a, b]$ zu wählen. Hierfür wählen wir

$$x_k := a + k\frac{b-a}{n}.$$

Es ist leicht einzusehen, dass dies in der Tat eine äquidistante Unterteilung des Intervalls $[a, b]$ liefert, denn

$$a = x_0 \quad = \quad a + 0\,\frac{b-a}{n} = a$$

$$b = x_n \quad = \quad a + n\,\frac{b-a}{n} = a + b - a = b$$

Des Weiteren ist

$$x_k - x_{k-1} = a + k\frac{b-a}{n} - a + (k-1)\frac{b-a}{n} = k\frac{b-a}{n} - k\frac{b-a}{n} + \frac{b-a}{n} = \frac{b-a}{n},$$

womit die Äquidistanz der Unterteilung gezeigt ist.

Als Stützstellen wählen wir $\xi_k := x_k$. Somit erhalten wir für die Riemannsche Summe

$$s_n := \frac{b-a}{n} \sum_{k=0}^{n} f\left(a + k\frac{b-a}{n}\right)$$

und für das Integral

$$\int_a^b f(x)\,dx = \lim_{n \to \infty} \frac{b-a}{n} \sum_{k=0}^{n} f\left(a + k\frac{b-a}{n}\right).$$

Beispiel:

Es sei die Funktion $f : \mathbb{R} \longrightarrow \mathbb{R}_+$ gegeben mit $f(x) = x^2$. Wir wollen das Integral im Intervall $[a, b]$ über f mittels Riemannscher Summen berechnen. Wir wählen eine äquidistante Unterteilung des Intervalls $[a, b]$. Als Stützstellen wählen wir

$$\xi_k := a + k\frac{b-a}{n}$$

und erhalten so folgende Riemannsche Summe:

$$s_n = \frac{b-a}{n} \sum_{k=0}^{n} \left(a + k\frac{b-a}{n}\right)^2$$

Für das Integral gilt dann

$$
\begin{aligned}
\int_a^b x^2\,dx &= \lim_{n\to\infty} \frac{b-a}{n} \sum_{k=0}^{n} \left(a + k\,\frac{b-a}{n}\right)^2 \\
&= \lim_{n\to\infty} \frac{b-a}{n} \sum_{k=0}^{n} \left[a^2 + 2k\,\frac{ab-a^2}{n} + \left(k\,\frac{b-a}{n}\right)^2\right] \\
&= \lim_{n\to\infty} \frac{b-a}{n} \left[a^2 \sum_{k=0}^{n} 1 + 2\,\frac{ab-a^2}{n} \sum_{k=0}^{n} k + \left(\frac{b-a}{n}\right)^2 \sum_{k=0}^{n} k^2\right] \\
&= \lim_{n\to\infty} \frac{b-a}{n} \left[a^2 n + 2\,\frac{ab-a^2}{n}\,\frac{n(n+1)}{2} + \left(\frac{b-a}{n}\right)^2 \frac{n(n+1)(2n+1)}{6}\right] \\
&= \lim_{n\to\infty} \left[a^2 b - a^3 + \frac{n+1}{n}(ab-a^2)(b-a) + \left(\frac{b-a}{n}\right)^3 \frac{2n^3+3n^2+n}{6}\right] \\
&= \lim_{n\to\infty} \left[a^2 b - a^3 + \left(1+\frac{1}{n}\right)(ab-a^2)(b-a) + (b-a)^3 \left(\frac{2n^3}{6n^3} + \frac{3n^2}{6n^3} + \frac{n}{6n^3}\right)\right] \\
&= a^2 b - a^3 + (ab-a^2)(b-a) + \frac{(b-a)^3}{3} \\
&= a^2 b - a^3 + ab^2 - 2a^2 b + a^3 + \frac{b^3 - b^2 a + ba^2 - a^3}{3} \\
&= a^2 b - a^3 + (ab-a^2)(b-a) + \frac{(b-a)^3}{3} \\
&= ab^2 - a^2 b + \frac{b^3 - 3ab^2 + 3a^2 b - a^3}{3} \\
&= \frac{b^3 - a^3}{3}
\end{aligned}
$$

Definition 5.1.6. *Man setzt*

$$
\int_a^a f(x)\,dx := 0 \quad \text{und} \quad \int_a^b f(x)\,dx := -\int_b^a f(x)\,dx \ \text{für } b < a.
$$

5.1.2 Eigenschaften des Integrals

Definition 5.1.7. *Sei $\mathbb{I} \subseteq \mathbb{R}$ ein offenes, halboffenes oder geschlossenes Intervall, welches endlich oder unendlich sein kann. Die Menge aller stetigen Funktionen auf $\mathbb{I}$ bezeichnen wir mit $\mathcal{C}(\mathbb{I})$ und ist wie folgt definiert:*

$$
\mathcal{C}(\mathbb{I}) := \left\{ f : \mathbb{I} \longrightarrow \mathbb{R} \mid f \text{ stetig} \right\}
$$

Allgemein schreiben wir $\mathcal{C}(\mathbb{R})$, um die Fälle $\mathbb{I} = \mathbb{R}$ abzudecken.

Linearität

Das Integral ist linear, d.h. es besitzt folgende Eigenschaft:
Seien $f, g \in \mathcal{C}(\mathbb{R})$ zwei stetige Funktionen und $\lambda, \mu \in \mathbb{R}$ Skalare. Dann gilt

$$\int_a^b \Big(\lambda f(x) + \mu g(x)\Big)\, dx = \lambda \int_a^b f(x)\, dx + \mu \int_a^b g(x)\, dx$$

Diese Eigenschaft folgt aus der Vertauschbarkeit von Limesbildung und Summation.

Monotonie

Das Integral ist monoton. Seien $f, g \in \mathcal{C}(\mathbb{R})$ mit $f < g \;\forall x \in \mathbb{R}$ dann gilt:

$$\int_a^b f(x)\, dx \leq \int_a^b g(x)\, dx$$

Weiterhin ist das Integral positiv definit, d.h.

$$f > 0 \;\Rightarrow\; \int_a^b f(x)\, dx \geq 0$$

Das Integral ist also ein lineares, monotones Funktional auf $\mathcal{C}(\mathbb{R})$.

Dreiecksungleichung

Seien $f, g \in \mathcal{C}(\mathbb{R})$ zwei Funktionen. Dann gilt

$$\int_a^b |f(x) + g(x)|\, dx \leq \int_a^b |f(x)|\, dx + \int_a^b |g(x)|\, dx$$

Damit haben wir eine Metrik d auf $\mathcal{C}(\mathbb{R})$ gefunden und können den Abstand zweier Funktionen wie folgt definieren:
Seien $f, g \in \mathcal{C}(\mathbb{R})$ zwei Funktionen. Ihr Abstand $d(f, g)$ ist gegeben durch

$$d(f, g) := \int_a^b |f(x) - g(x)|\, dx$$

Wir werden sehen, dass dies in der geometrischen Deutung des Integrals gerade die von den Grafen Γ_f und Γ_g eingeschlossene Fläche ist. Auf Basis dieser Metrik können wir eine Norm auf $\mathcal{C}(\mathbb{R})$ wie folgt einführen:

$$\|f\| := \int_a^b |f(x)|\, dx$$

Der Mittelwertsatz

Wir kommen jetzt zu einem wichtigen Satz der Integralrechnung, dem Mittelwertsatz:

Satz 5.1.2 (Mittelwertsatz der Integralrechnung). *Seien zwei integrierbare Funktionen f, φ : $[a, b] \to \mathbb{R}$ und $\xi \in [a, b]$ gegeben. Dann gilt*

$$\int_a^b f(x)\varphi(x)\,dx = f(\xi)\int_a^b \varphi(x)\,dx$$

Für den Spezialfall $\varphi = 1$ erhält man dann

$$\int_a^b f(x)\,dx = f(\xi)(b-a)$$

Beweis:

Wie setzen

$$m := \inf\left\{f(x) : x \in [a, b]\right\}$$
$$M := \sup\left\{f(x) : x \in [a, b]\right\}$$

Dann gilt

$$m\varphi(x) \leq f(x)\,\varphi(x) \leq M\varphi(x)$$

Aufgrund der Monotonie des Integrals gilt dann auch

$$m\int_a^b \varphi(x)\,dx \leq \int_a^b f(x)\,\varphi(x)\,dx \leq M\int_a^b \varphi(x)\,dx$$

Es gibt daher ein $\mu \in [m; M]$ mit

$$\int_a^b f(x)\varphi(x)\,dx = \mu\int_a^b \varphi(x)\,dx$$

Nach dem Zwischenwertsatz gibt es ein $\xi \in [a; b]$, so dass gilt: $\mu = f(\xi)$. Daraus folgt die Behauptung.

5.1.3 Integration und Differentiation

Bis jetzt haben wir nur bestimmte Integrale betrachtet, d.h. Integrale über ein festes Intervall $[a; b]$. Weiterhin haben wir das Integral als Flächeninhalt zwischen dem Funktionsgrafen des Integranden und der Abszisse kennengelernt. Doch werden wir sehen, dass das Integral nichts anderes als die Umkehrung der Differentiation ist, was auch die zentrale Aussage des Fundamentalsatzes der Differential- und Integralrechnung ist.

Unbestimmte Integrale

Satz 5.1.3. *Sei $f \in \mathcal{C}(\mathbb{R})$ und $a \in \mathbb{R}$. Für $x \in \mathbb{R}$ sei*

$$F(x) := \int\limits_a^x f(t)\, dt$$

Dann ist $F(x)$ differenzierbar und es gilt $\frac{d}{dx}F = f$.

Beweis:

Den Beweis führen wir unter Benutzung des Mittelwertsatzes.
Der Differentialquotient von F ist wie folgt definiert:

$$
\begin{aligned}
\frac{dF(x)}{dx} &= \lim_{h \to 0} \frac{F(x+h) - F(x)}{h} \\
&= \lim_{h \to 0} \frac{1}{h}\left(\int\limits_a^{x+h} f(t)\, dt - \int\limits_a^x f(t)\, dt \right) \\
&= \lim_{h \to 0} \frac{1}{h} \int\limits_x^{x+h} f(t)\, dt
\end{aligned}
$$

Nach dem Mittelwertsatz ist aber

$$
\begin{aligned}
\lim_{h \to 0} \frac{1}{h} \int\limits_x^{x+h} f(t)\, dt &= \lim_{h \to 0} \frac{1}{h} f(\xi_h) \int\limits_x^{x+h} dt \qquad \text{wobei } \xi_h \in [x,\, x+h] \\
&= \lim_{h \to 0} \frac{1}{h} h f(\xi_h) = \lim_{h \to 0} f(\xi_h)
\end{aligned}
$$

Da $\lim\limits_{h \to 0} \xi_h = x$ und f stetig ist, gilt $\lim\limits_{h \to 0} f(\xi_h) = f(x)$.

Definition 5.1.8. *Eine differenzierbare Funktion $F : [a,b] \to \mathbb{R}$ heißt **Stammfunktion** (oder primitive Funktion) einer Funktion $f : [a,b] \to \mathbb{R}$, falls $F' = f$.*

Die Stammfunktion ist hiermit aber nicht eindeutig bestimmt. Dies sagt der folgende Satz aus.

Satz 5.1.4. *Sei $F : \mathbb{I} \to \mathbb{R}$ eine Stammfunktion von $f : \mathbb{I} \to \mathbb{R}$. Eine weitere Funktion $G : \mathbb{I} \to \mathbb{R}$ ist genau dann eine Stammfunktion von f, wenn $F - G$ eine Konstante ist.*

Beweis:

$\Rightarrow$: Sei $F - G = c$ mit einer Konstanten $c \in \mathbb{R}$. Dann ist $G' = (F - c)' = F' = f$.

$\Leftarrow$: Sei G Stammfunktion von f. Dann gilt $G' = f = F'$. Das heißt $G' - F' = 0 = (G - F) \Rightarrow$ $G - f$ ist konstant.

Satz 5.1.5. (Fundamentalsatz der Differential- und Integralrechnung).
Sei $f : \mathbb{I} \to \mathbb{R}$ eine stetige Funktion und F eine Stammfunktion von f. Dann gilt für alle $a, b \in \mathbb{I}$

$$\int\limits_a^b f(x)\, dx = F(b) - F(a).$$

Beweis. Für $x \in \mathbb{I}$ sei

$$F_0(x) := \int\limits_a^b f(t)\, dt.$$

Dann ist $F_0 : \mathbb{I} \to \mathbb{R}$ eine Stammfunktion von f mit

$$F_0(a) = 0,\ F_0(b) = \int\limits_a^b f(t)\, dt.$$

Ist nun F ein beliebige Stammfunktion von f, so gibt es nach Satz 1.3 ein $c \in \mathbb{R}$ mit $F - F_0 = c$. Deshalb ist

$$F(b) - F(a) = F_0(b) - F_0(a) = F_0(b) = \int\limits_a^b f(t)\, dt.$$

Bezeichnung.
Man setzt

$$F(x)\Big|_a^b := F(b) - F(a)$$

Damit schreibt sich die Formel aus Satz 1.4

$$\int\limits_a^b f(x)\, dx = F(x)\Big|_a^b$$

Hierfür schreibt man kurz

$$\int f(x)\, dx = F(x).$$

Diese Schreibweise ist jedoch etwas problematisch, da F nach Satz 1.3 nur bis auf eine Konstante eindeutig bestimmt ist.

Beispiele:

Sei $c \in \mathbb{R}$ eine Konstante.

$$\int x^s\, dx = \frac{x^{s+1}}{s+1} + c\,, \qquad s \neq -1 \tag{5.1}$$

$$\int \frac{dx}{x} = \ln|x| + c\,, \qquad x \neq 0 \tag{5.2}$$

$$\int \sin x \, dx = -\cos x + c \tag{5.3}$$

$$\int \cos x \, dx = \sin x + c \tag{5.4}$$

$$\int \tan x \, dx = -\ln|\cos x| + c \tag{5.5}$$

$$\int e^x \, dx = e^x + c \tag{5.6}$$

$$\int \ln|x| \, dx = x(\ln|x| - 1) + c \tag{5.7}$$

$$\int \frac{dx}{\sqrt{1 - x^2}} = \arcsin x + c \, , \qquad |x| < 1 \tag{5.8}$$

$$\int \frac{dx}{1 + x^2} = \arctan x + c \tag{5.9}$$

$$\int \frac{dx}{\cos^2 x} = \tan x + c \, , \qquad \cos x \neq 0 \tag{5.10}$$

Satz 5.1.6. (Substitutionsregel).
Sei $f : \mathbb{I} \to \mathbb{R}$ eine stetige Funktion und $\varphi : [a, b] \to \mathbb{R}$ eine stetig differenzierbare Funktion mit $\varphi([a, b]) \subset \mathbb{I}$. Dann gilt

$$\int_a^b f(\varphi(t)) \varphi'(t) \, dt = \int_{\varphi(a)}^{\varphi(b)} f(\varphi) \, d\varphi$$

Beweis:

Sei $F : \mathbb{I} \to \mathbb{R}$ ein Stammfunktion von f. Nach der Kettenregel gilt für die Funktion $(F \circ \varphi) : [a, b] \to \mathbb{R}$

$$(F \circ \varphi)'(t) = F'(\varphi(t)) \, \varphi'(t).$$

Daraus folgt nach Satz 5.1.5

$$\int_a^b f(\varphi(t)) \varphi'(t) \, dt = (F \circ \varphi)(t) \Big|_a^b = F(\varphi(b)) - F(\varphi(a)) = \int_{\varphi(a)}^{\varphi(b)} f(\varphi) \, d\varphi.$$

Beispiele:

1.

$$\int_a^b f(cx)\,dx = \frac{1}{c}\int_{ac}^{bc} f(\varphi)\,d\varphi \qquad \text{mit } \varphi(x) := cx.$$

2.

$$\int_a^b x f\left(x^2\right)\,dx = \frac{1}{2}\int_{a^2}^{b^2} f(\varphi)\,d\varphi \qquad \text{mit } \varphi(x) := x^2.$$

3.

$$\int_a^b \frac{\varphi'(t)}{\varphi(t)}\,dt = \ln|\varphi(t)|\Big|_a^b, \qquad \left(f(x) = \frac{1}{x} \text{ mit } x := \varphi(t)\right)$$

4.

$$\int_a^b \tan(\varphi)\,d\varphi = \int_a^b \frac{\sin\varphi}{\cos\varphi}\,d\varphi = -\ln|\cos\varphi|\Big|_a^b$$

5. Zur Berechnung von $\int_a^b \frac{dx}{1-x^2}$, wobei $-1,1 \notin [a,b]$, verwenden wir die Partialbruchzerlegung. Da $1 - x^2 = (1+x)(1-x)$, versucht man $\alpha,\beta \in \mathbb{R}$ so zu bestimmen, dass

$$\frac{1}{1-x^2} = \frac{\alpha}{1+x} + \frac{\beta}{1-x} = \frac{\alpha+\beta+(\alpha-\beta)x}{1-x^2}.$$

Setzt man die Nullstellen des Nennerpolynoms ein, so erhält man $\alpha = \beta = \frac{1}{2}$. Damit folgt

$$\begin{aligned}
\int_a^b \frac{dx}{1-x^2} &= \frac{1}{2}\left(\int_a^b \frac{dx}{x+1} + \int_a^b \frac{dx}{1-x}\right) = \frac{1}{2}\left(\int_a^b \frac{dx}{x+1} - \int_a^b \frac{dx}{x-1}\right) \\
&= \frac{1}{2}(\ln|x+1| - \ln|x-1|)\Big|_a^b = \frac{1}{2}\ln\left|\frac{x+1}{x-1}\right|\,\Big|_a^b.
\end{aligned}$$

Satz 5.1.7. (Partielle Integration).
Seien $f,g : [a,b] \to \mathbb{R}$ zwei stetig differenzierbare Funktionen. Dann gilt

$$\int_a^b f(x)\,g'(x)\,dx = f(x)\,g(x)\Big|_a^b - \int_a^b f'(x)\,g(x)\,dx.$$

Beweis:

Für $F := fg$ gilt nach der Produktregel

$$F'(x) = f'(x)\,g(x) + f(x)\,g'(x).$$

Nach Satz 5.1.5 ist dann

$$\int\limits_a^b f'(x)\,g(x)\,dx + \int\limits_a^b f(x)\,g'(x)\,dx = F(x)\Big|_a^b = f(x)\,g(x)\Big|_a^b.$$

Daraus folgt die Bahauptung.

Beispiele:

1. Seien $a, b > 0$. Zur Berechnung von $\int\limits_a^b \ln x\,dx$ setzen wir $f(x) := \ln x$ und $g(x) := x$.
   Damit gilt

$$\int\limits_a^b \ln x\,dx = x\ln x\Big|_a^b - \int\limits_a^b dx = x(\ln x - 1)\Big|_a^b.$$

2.

$$\int\limits_a^b x^2 e^x\,dx = x^2 e^x\Big|_a^b - 2\int\limits_a^b x e^x\,dx = (x^2 - 2x)e^x\Big|_a^b + 2\int\limits_a^b e^x\,dx = (x^2 - 2x + 2)e^x\Big|_a^b.$$

5.1.4 Uneigentliche Integrale

Der bisher behandelte Integralbegriff ist für manche Anwendungen zu eng. Bislang konnten wir nur über endliche Intervalle integrieren. Darüberhinaus waren die Integrandenfunktionen notwendigerweise beschränkt. Ist das Integrationsintervall unendlich oder die Integrandenfunktion nicht beschränkt, dann kommt man zu den *uneigentlichen Integralen*, die unter gewissen Bedingungen als Grenzwerte riemannscher Integrale definiert werden können.
Wir betrachten drei Fälle:

1. Eine Integrationsgrenze ist unendlich.

Definition 5.1.9. *Sei $f : [a, \infty[\to \mathbb{R}$ eine Funktion, die über jedes Intervall $[a, b]$ mit $a < x < \infty$ Riemann-integrierbar ist. Falls der Grenzwert $\lim\limits_{b\to\infty} \int_a^b f(x)\,dx$ existiert, heißt das Integral $\int_a^\infty f(x)\,dx$ konvergent und man setzt*

$$\int\limits_a^\infty f(x)\,dx := \lim\limits_{b\to\infty} \int\limits_a^b f(x)\,dx$$

Analog definiert man das Integral $\int_{-\infty}^b f(x)\,dx$ für eine Funktion $f :]-\infty, b] \to \mathbb{R}$.

Beispiel:

Das Integral $\int_1^\infty \frac{1}{x^n}\,dx$, $n > 1$ konvergiert, denn es gilt

$$
\begin{aligned}
\int\limits_1^\infty \frac{1}{x^n}\,dx &= \lim_{b\to\infty}\int\limits_1^b \frac{1}{x^n}\,dx \\[2mm]
&= \lim_{b\to\infty}\left[\frac{1}{1-n}\frac{1}{x^{n-1}}\right]_1^b \\[2mm]
&= \frac{1}{1-n}\lim_{b\to\infty}\left(1-\frac{1}{b^{n-1}}\right) \\[2mm]
&= \frac{1}{1-n}\ \text{wegen}\ \lim_{b\to\infty}\frac{1}{b^{n-1}} = 0.
\end{aligned}
$$

Andererseits konvergiert das Integral $\int_1^\infty \frac{1}{x^n}\,dx$ für $n \le 1$ nicht.

2. Der Integrand ist an einer Integrationsgrenze nicht definiert.

Sei $f :\,]a,b] \to \mathbb{R}$ eine Funktion, die über jedem Teilintervall $[a+\varepsilon, b]$ mit $0 < \varepsilon < b - a$ Riemann-integrierbar ist. Falls der Grenzwert

$$
\lim_{\varepsilon\searrow 0}\int\limits_{a+\varepsilon}^b f(x)\,dx
$$

existiert, heißt das Integral $\int_a^b f(x)\,dx$ konvergent und man setzt.

$$
\int\limits_a^b f(x)\,dx := \lim_{\varepsilon\searrow 0}\int\limits_{a+\varepsilon}^b f(x)\,dx
$$

Beispiel:

Das Integral $\int_0^1 \frac{1}{x^n}\,dx$ konvergiert für $n < 1$, denn es gilt

$$
\begin{aligned}
\lim_{\varepsilon\searrow 0}\int\limits_\varepsilon^1 \frac{1}{x^n}\,dx &= \lim_{\varepsilon\searrow 0}\left[\frac{1}{1-n}\frac{1}{x^{n-1}}\right]_\varepsilon^1 \\[2mm]
&= \frac{1}{1-n}\underbrace{\lim_{\varepsilon\searrow 0}\left(1-\frac{1}{\varepsilon^{n-1}}\right)}_{=1} \\[2mm]
&= \frac{1}{1-n}.
\end{aligned}
$$

Andererseits konvergiert das Integral

$$
\int\limits_0^1 \frac{1}{x^n}\,dx
$$

für $n \ge 1$ nicht, wie man leicht zeigt.

3. Beide Integrationsgrenzen sind kritisch.

Definition 5.1.10. *Sei $f :]a, b[\to \mathbb{R}$ mit $a \in \mathbb{R} \cup \{-\infty\}$ und $b \in \mathbb{R} \cup \{\infty\}$ eine Funktion, die über jedem Intervall $[\alpha, \beta] \subset]a, b[$ Riemann-integrierbar ist. Und sei $c \in]a, b[$ beliebig. Falls die beiden uneigentlichen Integrale*

$$\int_a^c f(x)\,dx = \lim_{\alpha \searrow a} \int_\alpha^c f(x)\,dx$$

und

$$\int_c^b f(x)\,dx = \lim_{\beta \nearrow b} \int_c^\beta f(x)\,dx$$

existieren, heißt das Integral $\int_a^b f(x)\,dx$ konvergent und man setzt

$$\int_a^b f(x)\,dx = \int_a^c f(x)\,dx + \int_c^b f(x)\,dx.$$

Bemerkung. *Diese Definition ist unabhängig von der Auswahl von $c \in]a, b[$.*

Beispiele:

1. Das Integral $\int_{-\infty}^\infty e^{-|x|}\,dx$ konvergiert, denn

$$
\begin{aligned}
\int_{-\infty}^\infty e^{-|x|}\,dx &= \lim_{r \searrow -\infty} \int_r^0 e^x\,dx + \lim_{s \nearrow \infty} \int_0^s e^{-x}\,dx \\
&= \lim_{r \searrow -\infty} (e^0 - e^r) + \lim_{s \nearrow \infty} (e^0 - e^s) = 2
\end{aligned}
$$

2. Das Integral

$$\int_0^\infty \frac{1}{x^n}\,dx$$

   divergiert für alle $n \in \mathbb{R}$.
   Der Beweis sei dem Leser zur Übung überlassen.

5.2 Anwendungen der Integralrechnung

5.2.1 Rotationskörper und Volumina

In diesem Kapitel wollen wir ein Anwendungsgebiet der Integralrechnung etwas näher beleuchten. Dabei handelt es sich um die Volumenberechnung unregelmäßiger Körper, die sich durch Rotationsbilder integrierbarer Funktionen darstellen lassen.
Zunächst wollen wir die allgemeine Volumenformel aus bereits bekannten Gleichungen aus der Geometrie herleiten.
Für Würfel, Quader und beliebig quaderähnliche Körper gilt die Beziehung $V_k = G \cdot h$. Diese

Gleichung ist aber nicht mehr auf Körper anwendbar, deren Fläche mit h variiert, wie z.B. bei Kegeln, Kugeln und Pyramiden. Daher muss die Volumengleichung etwas modifiziert werden, dass sie den gewachsenen Ansprüchen genügt.

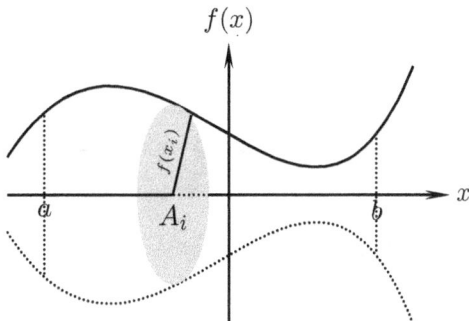

Kreisfläche bei x_i und dem Radius $f(x_i)$

Wir unterteilen den Körper in kleine Volumensegmente, die wir dann einfach aufaddieren können, um so eine Näherungsformel zu erhalten.

$$V_k \approx \sum_{i=0}^{n} A_i \cdot \Delta x_i$$

Dabei ist A_i eine Funktion von x. D.h. $A_i = A(x_i)$.

$$\Rightarrow V_k \approx \sum_{i=0}^{n} A(x_i)\, \Delta x_i$$

Damit haben wir eine Unterteilung vom Grad n erreicht. Dies ist jetzt natürlich nur eine Näherungslösung. Die Idee ist jetzt, durch die Erhöhung des Unterteilungsgrades sich dem exakten Wert mehr und mehr anzunähern und durch einen Grenzübergang eben diesen zu erhalten. D.h.

$$V_k = \lim_{n \to \infty} \sum_{i=0}^{n} A(x_i)\, \Delta_n x_i$$

$\Delta_n x_i$ bedeutet, dass Δx_i abhängig von n ist. D.h. falls die Höhe des Körpers durch die Werte a und b gegeben ist, ergibt sich daraus folgende Beziehung:

$$
\begin{aligned}
\Delta_n x_i &= x_i - x_{i-1} \\
&= \frac{b-a}{n}\, i - \frac{b-a}{n}\, (i-1) \\
&= \frac{b-a}{n}\, \big[i - (i-1)\big] \\
\Leftrightarrow \Delta_n x_i &= \frac{b-a}{n}
\end{aligned}
$$

Dieses Zwischenergebnis setzen wir in die obige Volumenformel ein und erhalten

$$
\begin{aligned}
V_k &= \lim_{n \to \infty} \frac{b-a}{n} \sum_{i=0}^{n} A(x_i) \\
&= \int_{a}^{b} A(x)\, dx
\end{aligned}
$$

Da wir Rotationskörper betrachten, haben wir es nur mit Kreisflächen zu tun, die aufgeschichtet den Körper bilden.

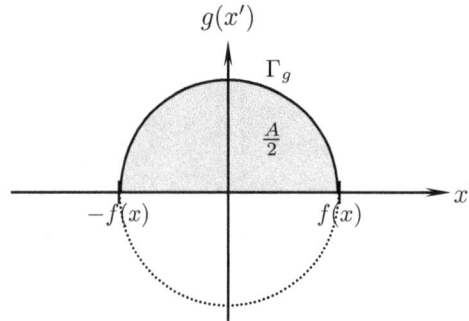

Fläche des Halbkreises Γ_g

Wie aus der Skizze zu entnehmen ist, wird der Kreisradius hier durch die Funktionswerte $f(x)$ gegeben. Die Funktion, die zur Flächenberechnung also zu betrachten ist, ist durch folgende Funktionsgleichung gegeben:

$$g(x') = \sqrt{f(x)^2 - x'^2}$$

Damit wir die Gesamtfläche zwischen der Abszisse und $\Gamma_g = \{(x', y)\,|\,x \in \mathbb{D}_g,\, y = g(x')\}$ erhalten, muss über ganz $\mathbb{D}_g = [-f(x); f(x)]$ integriert werden. Multiplikation mit zwei ergibt dann den Flächeninhalt des ganzen Kreises. So erhalten wir für $A(x)$

$$
\begin{aligned}
A(x) \;\;&=\;\; 2\int\limits_{\mathbb{D}_g} g(x')\,dx' \\[2ex]
&=\;\; 2\int\limits_{-f(x)}^{f(x)} \sqrt{f(x)^2 - x'^2}\,dx'
\end{aligned}
$$

Dies setzen wir jetzt in unsere Volumenformel ein und erhalten

$$
\begin{aligned}
V_k \;\;&=\;\; 2\int\limits_{a}^{b}\int\limits_{-f(x)}^{f(x)} \sqrt{f(x)^2 - x'^2}\,dx'\,dx \\[2ex]
&\overset{x'=f(x)\cos\varphi}{=\joinrel=}\;\; 2\int\limits_{a}^{b}\int\limits_{\pi}^{0} \sqrt{f(x)^2 - f(x)^2\cos^2\varphi}\,(-f(x)\sin\varphi)\,d\varphi\,dx \\[2ex]
&=\;\; -2\int\limits_{a}^{b}\int\limits_{\pi}^{0} f(x)\sqrt{1-\cos^2\varphi}\,f(x)\sin\varphi\,d\varphi\,dx \\[2ex]
&=\;\; -2\int\limits_{a}^{b}\int\limits_{\pi}^{0} f(x)^2\sin^2\varphi\,d\varphi\,dx
\end{aligned}
$$

$$= -2 \int_a^b f(x)^2 \, dx \int_\pi^0 \sin^2 \varphi \, d\varphi$$

$$= 2 \int_a^b f(x)^2 \, dx \left(\underbrace{\left[-\sin \varphi \, \cos \varphi \right]_0^\pi}_{0} + \int_0^\pi \cos^2 \varphi \, d\varphi \right)$$

$$= 2 \int_a^b f(x)^2 \, dx \int_0^\pi (1 - \sin^2 \varphi) \, d\varphi$$

$$= \int_a^b f(x)^2 \, dx \int_0^\pi d\varphi$$

$$= \pi \int_a^b \left(f(x) \right)^2 \, dx$$

Da jedoch $r \in \mathbb{R}_+$ aber im Allgemeinen $f(x) \in \mathbb{R}$ ist, muss der Betrag von f zugrunde gelegt werden. Die allgemeine Volumenformel für Rotationskörper ist daher gegeben durch

$$\boxed{V_{rot} = \pi \int_a^b |f(x)|^2 \, dx}$$

Zu beachten ist hier, dass die Funktionen $f(x)$ quadratintegrabel sein müssen. D.h. das Integral

$$\int |f(x)|^2 \, dx$$

muss existieren.

Kegelvolumen

In diesem Teil wollen wir mithilfe der oben gefundenen Gleichung die Volumenformel eines Kegels herleiten.
Das Bild eines Kegels wird durch die Rotation des Funktionsgrafen einer linearen Funktion gebildet. Die allgemeine Funktionsgleichung einer linearen Funktion ist

$$f(x) = ax + b$$

Ohne Beschränkung der Allgemeinheit können wir $b = 0$ setzen. Der Kegel soll die Höhe h und der Kegelboden den Radius r einnehmen.

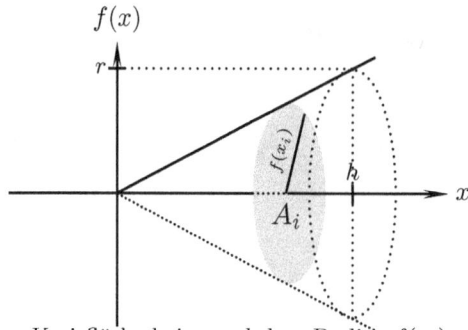

Kreisfläche bei x_i und dem Radius $f(x_i)$

Wir setzen f einfach in die Volumenformel für Rotationskörper und setzen die Integrations-grenzen auf 0 und h. Damit ergibt sich

$$
\begin{aligned}
V_k &= \pi \int\limits_0^h (ax)^2 \, dx \\
&= \pi \left. \frac{a^2 x^3}{3} \right|_0^h \\
&= \pi \frac{a^2 h^3}{3}
\end{aligned}
$$

Nun ist aber $r = a \cdot h$.

$$
\Rightarrow \ V_k = \frac{1}{3} \pi r^2 h
$$

Kugelvolumen

In diesem Teil wollen wir mithilfe der oben gefundenen Gleichung die Volumenformel einer Kugel herleiten.

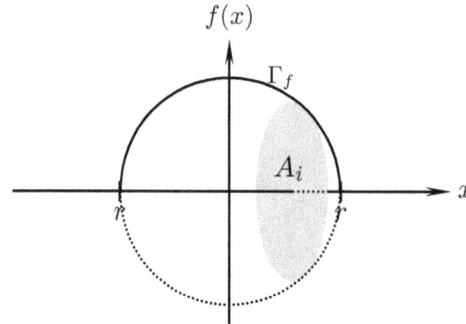

Kreisfläche bei x_i und dem Radius $f(x_i)$

Die Funktionsgleichung eines Halbkreises haben wir weiter oben bei der Herleitung der Volu-menformel für Rotationskörper bereits verwendet. Hier ist sie gegeben durch $f(x) = \sqrt{r^2 - x^2}$. Der Definitionsbereich von f ist gegeben durch $\mathbb{D}_f = [-r,\, r]$ und der Graf von

$$
\Gamma_f = \left\{ (x,y) \mid y = f(x),\ x \in \mathbb{D}_f \right\}
$$

Mittels Integration über $\mathbb{D}_f$ können wir das Kugelvolumen auffüllen. Es gilt daher allgemein:

$$
\begin{aligned}
V_k &= \pi \int_{\mathbb{D}_f} \left(f(x) \right)^2 dx \\
&= \pi \int_{-r}^{r} \sqrt{r^2 - x^2}^2 \, dx \\
&= \pi \int_{-r}^{r} \left(r^2 - x^2 \right) dx \\
&= \pi \left(r^2 x - \frac{x^3}{3} \right) \Big|_{-r}^{r} \\
&= \pi \left[r^3 - \frac{r^3}{3} - \left(-r^3 + \frac{r^3}{3} \right) \right] \\
\Leftrightarrow V_k &= \frac{4}{3} \pi r^3
\end{aligned}
$$

Aufgaben:

Problem 6. *Die Punkte $P(-2|0)$ und*

$$
Q \in \Gamma_v := \left\{ (u,v) \in \mathbb{R}^2 \mid v = 2 - \frac{1}{2} u^2 \right\}
$$

definieren die Endpunkte einer Strecke s_u. Diese rotiere um die Abszisse. Wie muss u gewählt werden, damit das Volumen des entstehenden Rotationskörpers maximal wird?

Skizze:

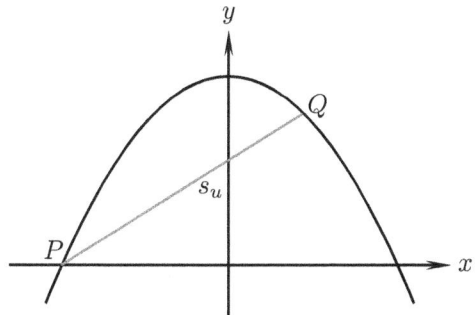

Das Variationsintervall von u ist durch die Nullstellen von $v(u)$ gegeben, da $V > 0$ sein muss. Also ist $u \in \,]-2, 2[$ zu wählen. Für die Gerade g_u durch die Punkte P und Q gilt

$$
\begin{aligned}
g_u(x) &= \frac{2 - \frac{1}{2} u^2}{u + 2} (x + 2) \\
&= -\frac{1}{2} (u - 2)(x + 2).
\end{aligned}
$$

Das Volumen in Abhängigkeit vom Parameter u ergibt sich aus dem unbestimmten Integral

$$V_{rot}(u) = \pi \int\limits_{-2}^{u} |g_u(x)|^2 \, dx.$$

Die Lösungen ergeben sich aus der Funktionalgleichung

$$0 = \frac{dV_{rot}(u)}{du} \;\Rightarrow\; 0 = \pi \frac{d}{du} \int\limits_{-2}^{u} |g_u(x)|^2 \, dx.$$

Das heißt, wir erhalten folgende Gleichung:

$$
\begin{aligned}
0 &= \frac{\pi}{4} \frac{d}{du} \left[(u-2)^2 \int\limits_{-2}^{u} (x+2)^2 \, dx \right] \overset{z:=x+2}{=} \frac{d}{du} \left[(u-2)^2 \int\limits_{0}^{u+2} z^2 \, dz \right] \\
\Leftrightarrow 0 &= \frac{\pi}{12} \frac{d}{du} \left[(u-2)^2 (u+2)^3 \right] \\
\Leftrightarrow 0 &= \left(u - \frac{2}{5} \right)(u-2)(u+2)^2
\end{aligned}
$$

Wie man sofort sieht, sind die Lösungen

$$u_1 = \frac{2}{5}, \; u_2 = -2 \text{ und } u_3 = 2.$$

Die Lösungen u_2 und u_3 liegen außerhalb des Variationsintervalls und fallen daher aus der weiteren Betrachtung heraus. Falls $V_{rot}''(u) < 0$ ist, handelt es sich um das Maximum.

$$
\begin{aligned}
V_{rot}''(u) &= \frac{5\pi}{12} \left\{ (u-2)(u+2)^2 + \left(u - \frac{2}{5} \right) \left[(u+2)^2 + 2(u-2)(u+2) \right] \right\} \\
&= \frac{5\pi}{12} \left[(u-2)(u+2)^2 + \left(u - \frac{2}{5} \right)(u+2)(3u-2) \right] \\
&= \frac{5\pi}{12} (u+2) \left[(u-2)(u+2) + 3 \left(u - \frac{2}{5} \right) \left(u - \frac{2}{3} \right) \right].
\end{aligned}
$$

Einsetzen von u_1 ergibt $V''\left(\frac{2}{5} \right) \approx -12,06 < 0 \;\Rightarrow\;$ bei $\frac{2}{5}$ liegt ein Maximum.

5.2.2   Beispiel aus der Physik

Es ist allgemein hin bekannt, dass die Disziplinen der modernen Naturwissenschaften ohne die gewonnenen Ergebnisse aus der Mathematik nicht mehr auskommen. Dies betrifft insbesondere die theoretische Chemie und natürlich die Physik. Es ist daher nicht verwunderlich, dass gerade die theoretischen Fachrichtungen der Physik in erster Linie mathematische Disziplinen sind. Als Beispiel dessen sollen aus einigen Definitionen und Grundvoraussetzungen heraus die Grundlegenden Erhaltungssätze, wie der Erhaltungssatz des linearen Impulses und der Energie, herausgearbeitet und das Weg-Zeit-Gesetz hergeleitet werden. Im Folgenden bezeichne $t \in \mathbb{R}$ die Zeit.
Zunächst aber einige grundlegende Definitionen:

Definition 5.2.1 (Strecke, Weg). *Sei $t \in \mathbb{R}$ und $s \in \mathcal{C}^2(\mathbb{R})$ eine Funktion folgender Gestalt:*

$$s : \mathbb{R} \longrightarrow \mathbb{R}$$
$$t \longmapsto s(t)$$

Definition 5.2.2 (Geschwindigkeit). *Sei $v \in \mathcal{C}(\mathbb{R})$ eine stetig differenzierbare Funktion. v bezeichnet die Momentangeschwindigkeit und ist gegeben durch*

$$v(t) := \frac{ds(t)}{dt},$$

die Durchschnittsgeschwindigkeit $\bar{v}$ durch

$$\bar{v} := \frac{\Delta s}{\Delta t}$$

Hieraus ergibt sich folgender Zusammenhang zwischen Momentangeschwindigkeit v und Durchschnittsgeschwindigkeit $\bar{v}$ innerhalb des Zeitintervalls $[t_1, t_2]$

$$\bar{v} = \frac{1}{t_2 - t_1} \int_{t_1}^{t_2} v(t)\, dt.$$

Definition 5.2.3 (Beschleunigung). *Sei $a \in \mathcal{C}(\mathbb{R})$ eine stetige Funktion. Dann bezeichnet*

$$a(t) := \frac{dv(t)}{dt} = \frac{d^2 s(t)}{dt^2}$$

die Beschleunigung.

Das Weg-Zeit-Gesetz

Setzen wir $a(t) = a$ als konstant voraus, dann erhalten wir aus der Definition der Beschleunigung

$$v(t) = a \int_0^t dt' = a\,t + v_0$$

$$\Rightarrow s(t) = \int_0^t v(t')\, dt' = \int_0^t (a\,t' + v_0)\, dt' = \frac{1}{2}at^2 + v_0 t + s_0$$

Die Integrationskonstanten s_0 und v_0 werden hier durch sog. Anfangsbedingungen bestimmt. Üblicherweise wird $s_0 := 0$ gesetzt, da dies bei einer Messung der Nullpunktseichung entspricht. Damit erhalten wir für das Weg-Zeit-Gesetz

$$\boxed{s(t) = \tfrac{1}{2}at^2 + v_0 t}$$

v_0 ist dabei eine konstante Geschwindigkeit, die das Teilchen zu Beginn der Messung bereits hatte.

Der lineare Impuls

Das physikalisch Wesentliche eines Teilchens ist in Newtons zweiten Gesetz enthalten, welches gleichermaßen als grundlegendes Postulat oder als Definition von Kraft und Masse angesehen werden kann.

Seien nun F eine stetige und p eine stetig differenzierbare Funktion und $m \in \mathbb{R}$. F bezeichne die gesamte auf das Teilchen der Masse m wirkende Kraft und $p := mv$ den linearen Impuls des Teilchens. Dann lautet das zweite Newtonsche Gesetz exakt

$$F = \frac{dp}{dt}$$

Dies liefert gleich den Erhaltungssatz für den linearen Impuls.

Satz 5.2.1 (Impulserhaltungssatz). *Der lineare Impuls p bleibt erhalten, wenn die äußere Kraft F verschwindet.*

Dies sieht man so:

$$F = 0 = \frac{dp}{dt} \iff p = \text{const.}$$

Arbeit, kinetische Energie und potentielle Energie

Auf ein Teilchen der Masse m wirke eine Kraft F. Die geleistete Arbeit, um das Teilchen vom Punkt s_1 zum Punkt s_2 zu befördern, ist definiert durch

$$W_{12} := \int_{s_1}^{s_2} F \cdot ds$$

Wir leiten jetzt die Formel für die kinetische Energie T unter Ausnutzung des zweiten Newtonschen Gesetzes her:

$$F = \frac{dp}{dt} = \frac{d(mv)}{dt} = m\frac{dv}{dt}$$

Daraus folgt für das Integral

$$W_{12} = m \int_{s_1}^{s_2} \frac{dv}{dt} \cdot ds \qquad : ds = v \cdot dt$$

$$\Rightarrow W_{12} = m \int_{v_1}^{v_2} \frac{dv}{dt} \cdot v\, dt = m \int_{v_1}^{v_2} dv \cdot v$$

$$\Rightarrow W_{12} = \frac{1}{2}m(v_2^2 - v_1^2) =: T_2 - T_1$$

Für die kinetische Energie T gilt also

$$\boxed{T = \tfrac{1}{2}\,m\,v^2}$$

Um ein Massestück m von v_1 auf v_2 zu beschleunigen, muss daher die Arbeit W_{12} geleistet werden. Wenn das Teilchen um den selben Betrag wieder abgebremst wird, gibt es die geleistete Arbeit $W_{21} = -W_{12}$ wieder ab, was sich in der Umkehrung des Vorzeichens ausdrückt.

Bewegt sich ein Teilchen der Masse m in einem Kraftfeld, wirkt an jedem Punkt des Raumes ein Kraft F auf das Teilchen. $F = F(s)$ ist dann abhängig von dem jeweiligen Ortspunkt. Ein Kraftfeld, welches so beschaffen ist, dass die Energie des Teilchens unabhängig von gewählten Weg durch das Kraftfeld ist und nur von den jeweiligen Endpunkten abhängt nennt man *konservativ*. In so einem Kraftfeld existiert also eine Größe $-V$, die nur von den Endpunkten abhängt. Für ein differentielles Wegstück ds des Teilchens der Masse m erhalten wir dann $F \cdot ds = -dV$ Integration auf beiden Seiten ergibt dann

$$W_{12} = \int_{s_1}^{s_2} F \cdot ds = - \int_{V_1}^{V_2} dV = \int_{V_2}^{V_1} dV = V_1 - V_2.$$

Beide Gleichungen können wir kombinieren und erhalten

$$T_2 - T_1 = V_1 - V_2 \; \Leftrightarrow \; \boxed{T_2 + V_2 = T_1 + V_1}$$

Dies ist in Symbolen der Erhaltungssatz der Energie.

Satz 5.2.2 (Energieerhaltungssatz für ein Teilchen). *Wenn die Kräfte, die auf ein Teilchen wirken, konservativ sind, dann bleibt die Gesamtenergie $T + V$ des Teilchens erhalten.*

Symbolverzeichnis

$\mathbb{N}$:	Menge der natürlichen Zahlen
$\mathbb{Z}$:	Menge der ganzen Zahlen
$\mathbb{Q}$:	Menge der rationalen Zahlen
$\mathbb{R}$:	Menge der reellen Zahlen
$\mathbb{C}$:	Menge der komplexen Zahlen
$\mathbb{I}$:	Indexmenge
$\mathcal{C}(\mathbb{R})$:	Menge aller stetigen Funktionen auf $\mathbb{R}$
$\Re(z)$:	Realteil einer komplexen Zahl z
$\Im(z)$:	Imaginärteil einer komplexen Zahl z
$\bar{z}$:	komplex Konjugierte von z
π:	Kreiszahl
$\forall$:	für alle
$\subset$:	ist Teilmenge von
$\supset$:	ist Obermenge von
$[\ ,\ ]$:	geschlossenes Interval
$]\ ,\ ],\ [\ ,\ [$:	halboffenes Interval
$]\ ,\ [$:	offenes Interval
$\sum_i$:	Summe über i
$\prod_i$:	Produkt über i
$|x|$:	Absolutbetrag von x
Δ:	Differenzenoperator
$f'(x)$, $\frac{df(x)}{dx}$:	Ableitung von f an der Stelle x
$\frac{\partial f}{\partial x}$:	partielle Ableitung von f
f^{-1}:	Umkehrfunktion von f
$f|_U$:	f eingeschränkt auf U
$\mathrm{diam}(U)$:	Durchmesser der Menge U
$\int$:	Integral
$!$:	Fakultät
$\perp$:	orthogonal
∞:	unendlich
$|$, $\nmid$:	ist Teiler von, ist nicht Teiler von

Literaturverzeichnis

[1]   Otto Forster: Analysis 1. Vieweg 1983

[2]   Bronstein, Semendjajew – Taschenbuch der Mathematik. B.G. Teubner
      Verlagsgesellschaft Stuttgard · Leibzig

[3]   http://www.wikipedia.org

[4]   Herbert Goldstein – Klassische Mechanik. Aula-Verlag Wiesbaden 1989

Index